将来的你，
一定会感谢现在
努力的自己

译　文◎编著

应急管理出版社
·北　京·

图书在版编目（CIP）数据

将来的你，一定会感谢现在努力的自己/译文编著．
－－北京：应急管理出版社，2020（2023.11 重印）
ISBN 978 - 7 - 5020 - 7405 - 0

Ⅰ．①将…　Ⅱ．①译…　Ⅲ．①成功心理—通俗读物
Ⅳ.①B848.4 -49

中国版本图书馆 CIP 数据核字（2020）第 008146 号

将来的你　一定会感谢现在努力的自己

编　著	译　文
责任编辑	高红勤
封面设计	吕宜昌

出版发行　应急管理出版社（北京市朝阳区芍药居 35 号　100029）
电　话　010 - 84657898（总编室）　010 - 84657880（读者服务部）
网　址　www.cciph.com.cn
印　刷　三河市金兆印刷装订有限公司
经　销　全国新华书店

开　本　710mm×1000mm$\frac{1}{16}$　印张　10　字数　150 千字
版　次　2020 年 4 月第 1 版　2023 年 11 月第 3 次印刷
社内编号　20192338　　　　　定价　29.80 元

不管人也好，树也好，越想花枝招展，就越要往泥土里钻。往地下钻是痛苦孤独的，但只有这样才能蓄积养分。

——汪涵 ◀

对书呆子好一点，你未来很可能就为其中一个工作。

——比尔·盖茨 ◀

我还有很多路要走，我不知道我要走到哪里，也不知道能走多远。但我想，心有多远，脚下的路就有多远。

——李娜 ◀

永远不要跟别人比幸运，我从来没想过我比别人幸运，我也许比他们更有毅力，在最困难的时候，他们熬不住了，我可以多熬一秒钟、两秒钟。

——马云 ◀

青春是纵然梦想很远，踮起脚尖就能更近一些。

——何炅 ◀

世界上唯一可以不劳而获的就是贫穷，唯一可以无中生有的就是梦想。世界虽然残酷，但只要你愿意走，总会有路。

——刘强东 ◀

我能在冬天的严酷环境中生存下来，可能我会在春天是最漂亮的。

—— 张瑞敏 ◀

有的人生活在晚上十点，因为他留在昨天；有的人生活在凌晨两点，他必将迎接未来。同样是伸手不见五指，但这就是区别。

——罗振宇 ◀

当你的才华还撑不起你的野心的时候，就应该静下心来学习；当你的能力驾驭不了你的目标时，就应该沉下心来历练。

——莫言 ◀

你可以失败，但决不能这样失败，竟然是被太阳晒死的，是被海水咸死的，是被寒风冻死的。作为男人，这也许是莫大的耻和辱！

——麦家《致信儿子》 ◀

前途比现实重要，希望比现在重要。我们没有预见未来的能力，也没有洞穿世事的眼力，但至少我们有努力让自己变得更好，去迎接考验的学习力。
——中国人民大学　田恺 ◀

自信，使不可能成为可能，使可能成为现实。不自信，使可能变成不可能，使不可能变成毫无希望。读这套励志书，不是喝鸡汤，其实是给自己的自信心加油。
——上海交通大学　李莉敏 ◀

学习就要有坐冷板凳的毅力，求知的路漫长而枯燥，有好书相伴会让我们更有耐力，不再迷茫。
——衡水中学　柳君子 ◀

没有目标就没有方向，每一个阶段都要给自己树立一个目标。这会让你的青春时光过得更有价值，让你以后的人生更有价值。当我们失落迷茫时，不如读读这本书，它将是一位集解压、启迪、倾听、陪伴多种功能于一身的好伙伴。
——河北大学　周政均 ◀

学习和考试，并没有你想象的那么糟糕，掌控好的方法才是真理；青春和理想并没有那么虚无，拥有好的心态才是法宝。不再郁闷苦恼，告别无病呻吟，读这本书无疑会告诉你青春的答案。
——启东中学　陈敏一 ◀

青春，一个被赋予太多憧憬与希望的词汇。在很多人眼里青春如火，燃烧着激情与活力；青春如花，绽放智慧和希望。如何让青春绽放光彩，我分享给朋友们的方法是——与好书同行，与优秀的人同行。
——南开大学　秦冲 ◀

一本书，虽不能让所有的人在所有的时间受益，但可以让特别的人在特别的时间受益。

——林肯

目录
Contents

PART 03

◀ 以梦为马，不负韶华

PART 04

◀ 成功路上的通关密码

PART 05

PART 06

PART 07

► 我改变了世界

PART 01

成功的秘诀

　　自古以来的无数例子可以证明，每一个人都有享受生活和快乐的权利。人人皆为快乐而生，人人都有权享受一切幸福、富贵和满足。只要他自己善加利用本身的资源，他全身的一切原质、一切组织无不具有成功的能力。一个人失败的最大原因，就是不相信自己的能力，甚至认为自己无法成功。

只有把抱怨环境的心情，化为上进的力量，才是成功的保证。

——[法] 罗曼·罗兰

爱笑的人运气不会太差

  1936 年，原一平的推销业绩已经名列公司第一，但他仍然狂热工作，逐步实现了自己的宏伟计划：3 年内创下了全日本第一的推销纪录，43 岁后连续保持 16 年全国推销冠军，连续 17 年推销额达百万美元。有谁能够想到，推销业绩如此显著的人，居然是一个身高只有 145 厘米的家伙。但如此巨大的成就，是建立在一次次的失败之上的。23 岁的原一平背井离乡，到首都东京寻找自己的梦想。开始做推销时，他碰上了一个骗子，被骗得一无所有。

  五年后，依然一事无成的原一平去明治保险公司的招聘现场应聘。一位刚从美国研习推销术归来的资深专家担任主考官。他瞟了一眼原一平，就抛出了一句硬邦邦的话："你不能胜任。"原一平惊呆了，半天才回过神来，结结巴巴地问："为什么？"主考官轻蔑地说："你不是干这个的料。"原一平一下子被激怒了，问："贵公司的标准是什么？""每人每月销售10000 元。""每个人都能达到这个标准吗？""当然。"原一平一赌气说："我也能做到。"看着他坚定的眼神，明治保险公司录用了他。就这样，原一平勉强当了一名见习推销员。没有办公桌，没有薪水，还常被老推销员当"听差"使唤。连着 7 个月，他一分钱的保险也没拉到，当然也就拿不到一分钱薪水。

为了省钱，原一平中午不吃饭，晚上睡在公园的长凳上。原一平每天走在上班的路上，总是不断微笑着和擦肩而过的行人打招呼。一位绅士经常看到他这副

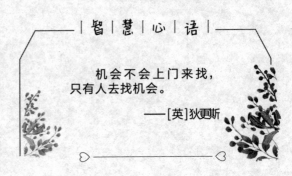

| 智 | 慧 | 心 | 语 |

机会不会上门来找，
只有人去找机会。
——[英]狄更斯

快乐的样子，便请他共进早餐。尽管原一平饿得要死，但还是委婉地拒绝了。这位绅士于是说："既然你不赏脸和我吃顿饭，我就投你的保好啦！"

于是，原一平签下了人生中的第一张保单。更令他惊喜的是，那位绅士是一家大酒店的老板，帮他介绍了不少业务。从那一天开始，原一平的工作业绩开始直线上升，9个月内实现了168万日元的业绩，公司同事都对他刮目相看。

原一平连续16年荣登日本推销业绩全国第一的宝座，创下世界推销最高纪录，20年未被打破，是日本历史上最为出色的保险推销员。他的微笑被评为"价值百万美元的微笑"，他也被誉为"推销之神"。20世纪60年代，原一平被日本政府特别授予"四等旭日小缓勋章"。获得这种荣誉在日本是少有的，连当时的日本总理大臣福田赳夫也羡慕不已，当众慨叹道："身为总理大臣的我，只得过五等旭日小缓勋章。"1964年，世界权威机构——美国国际协会为表彰原一平在推销业做出的成就，为其颁发了全球推销员最高荣誉——学院奖。

荷兰首都阿姆斯特丹一间15世纪老教堂的废墟上有一行字，那上面刻的是："事情是这样的，就不会是别样。"

生活中，我们必须面对现实，接受已经发生的任何一种情况，使自己适应，然后忘了它，继续向前走，明智的人永远不会坐在那里为他们的损失而悲伤，却会很高兴地去寻找办法来弥补他们的创伤。

人生路长，别急着放弃

　　人生是一个漫长的旅程，一时的得失说明不了什么。也许会有小小的挫折，但绝没有终极的失败，只要我们还活着，还在努力和尝试，就永远有改变一切的希望和可能。如果轻易给自己下了失败的定语，无异于给自己的人生判了死刑。没有所谓失败，除非你不再尝试。林肯的故事就是这句话最好的注释。

　　生下来就一贫如洗的林肯，终其一生都在面对挫败，八次竞选八次落败，两次经商失败，甚至还精神崩溃过一次。有好多次，他本可以放弃，但他并没有，也正因为他没有放弃，才使其成为美国历史上最伟大的总统之一。

以下是林肯进驻白宫前的简历：

　　1816 年，家人被赶出了居住的地方，他必须工作以抚养他们；1831 年，经商失败；1832 年，竞选州议员但落选了；1832 年，工作也丢了，他想就读法学

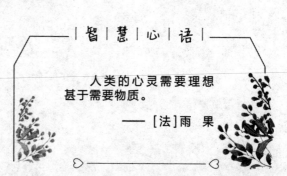

| 智 | 慧 | 心 | 语 |

人类的心灵需要理想甚于需要物质。

——［法］雨果

院，但进不去；1833 年，向朋友借钱经商，但年底就破产了，接下来他花了 16 年，才把债还清；1834 年，再次竞选州议员赢了；1836 年，精神完全崩溃，卧病在床六个月；1838 年，争取成为州议员的发言人没有成功；1840 年，争取成为选举人但失败了；1843 年，参加国会大选落选了；1846 年，再次参加国会大选，这次当选了！前往华盛顿特区，表现可圈可点；1848 年，寻求国会议员连任失败；1849 年，想在自己的州内担任土地局长的工作，被拒绝了；1854 年，竞选美国参议员，落选了；1856 年，在共和党的全国代表大会上争取副总统的提名，得票不到 100 张；1858 年，再度竞选美国参议员——再度落败；1860 年，当选美国总统。

"此路艰辛而泥泞。我一只脚滑了一下，另一只脚也因而站不稳；但我缓口气，告诉自己，这不过是滑一跤，并不是死去而爬不起来。"——林肯在竞选参议员落败后如是说。

林肯一辈子不知摔了多少跤，但他总能站起来接着尝试；还有那个创办肯德基快餐的老头哈伦德·山德士，失败了一辈子，邮递员已经给他送来了社会养老金支票，可他还要尝试一下，直到他 88 岁时肯德基名扬全球……

可以休息，可以调整方向，但绝不能放弃。

满怀雄心壮志，一路过关斩将

裘根·崔瑞普，德国戴姆勒—奔驰汽车公司前董事长兼执行官。

崔瑞普在大学所学专业是工学。大学毕业后，他进入奔驰汽车公司的控股公司戴姆勒—奔驰公司工作。从那时起，他便开始用"没有雄心壮志或是老想凑合过日子的人，不可能改变现状"这句话不断地鼓励自己。经过不断的努力，他在公司的职位一路上升。1989年，他荣升戴姆勒—奔驰公司董事兼航空部门负责人；1995年，成为戴姆勒—奔驰的董事长兼执行官。

有一段时间，戴姆勒—奔驰公司的经营状况陷入了困境。虽然公司上下都在思考脱困措施，但似乎没有什么好的方案。崔瑞普认为，如果没有更好的办法，与其担心罢工造成的损失，不如考虑公司未来的发展。于是崔瑞普提议，公司的事业架构应该整顿，应该引进美国企业的经验削减公司开支，即裁员减薪，并重整业务方向。但他的方案让董事会很是担心，害怕方案一出，引起员工不满闹罢工，到时候又该如何收场？

但在崔瑞普的坚持下，戴姆勒—奔驰公司裁员1.8万名，变卖了35项事业中的 12 项，合并了旗下最大的子公司奔驰汽车，这些都是在崔瑞普"独断独行"的态度之下完成的。"没有雄心壮志或是老想凑合过日子的人，不可能改变现状"，这句话是支持

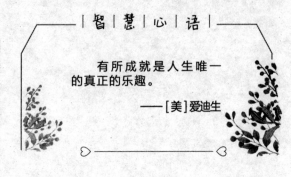

|智|慧|心|语|

有所成就是人生唯一的真正的乐趣。

——[美] 爱迪生

崔瑞普奋斗不息的人生信念，成就了崔瑞普的一生，它也在关键时刻扭转了戴姆勒—奔驰公司的命运。

1997 年上半年，戴姆勒—奔驰公司的营业收入比 1996 年同期增长了 2.2 倍，平安地脱离经营困境。之后，公司又与美国第三大汽车公司克莱斯勒合并，组成戴姆勒—克莱斯勒公司，营业额一下跃居汽车制造业的第一名。

作为世界 10 大汽车公司之一的戴姆勒—奔驰汽车公司，一直以生产高质量、高性能的高级汽车产品而闻名世界。奔驰的最低级别汽车售价也在 3 万美元以上，而豪华汽车则在 10 万美元以上，中间车型也在 4 万美元左右。在世界 10 大汽车公司中，戴姆勒—奔驰公司产量最小，不到 100 万辆，但它的利润和销售额却名列前茅。

看准方向，勇往直前

史蒂文·斯皮尔伯格从小酷爱电影，才华横溢，在影艺界取得了巨大的成绩。

20 世纪 50 年代，史蒂文·斯皮尔伯格 8 岁时，家住新泽西州。史蒂文一直喜欢看电影，一天，他从家中走到 12 个街区外的电影院，看迪士尼公司的《戴维·克罗克特：荒野边疆之王》。史蒂文喜欢这部片子，片中有一句话最打动他，戴维·克罗克特在影片中说："看准方向，勇往直前。"这句话引起了他的共鸣，史蒂文知道这句话是重要的。

10 年后，史蒂文已经是加利福尼亚州立大学三年级的学生，他把业余时间全用在环球制片公司的摄影棚里。史

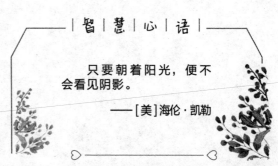

| 智 | 慧 | 心 | 语 |

只要朝着阳光，便不会看见阴影。

——[美]海伦·凯勒

蒂文在那里找到一间空屋子，为自己设立了一个"办公室"，观看他们剪辑影片、混声和纠色，吸收着能够得到的一切信息。此外，史蒂文还自己拍电影。他把他的一部短片《安比林》交给一位编辑朋友，使它能被送到环球电视的老总席德·沙因伯格的面前。这部短片和史蒂文的才华吸引了席德，他决定同史蒂文签订一项7年的执导电视节目合同。但如果接受这份合同，史蒂文就要放弃自己的学习。后来，席德同意为他长期保留这个职位，他便欣然接受了。一周后，史蒂文得到了合同，还有了一位代理人，在摄影棚里有了一间真正的办公室。33岁，他拿到了学位。史蒂文·斯皮尔伯格说，他当时在机会和学位之间彷徨了一下，脑子里闪出了一句话：看准方向，勇往直前。于是他做出了决定。事实证明，他是对的。

史蒂文·斯皮尔伯格最终成为一位著名的电影导演、制片家。少年时代就拍出第一部业余电影；上大学时拍摄的短片习作《安比林》，使环球影片公司同他签约。在好莱坞，斯皮尔伯格的名字就是票房和得奖的保证。作为导演，他以精湛的技巧而著称，其影片的商业进取精神和童稚般的单纯成为20世纪80年代好莱坞影片中的流行风格。主要作品有《大白鲨》《外星人》《紫色》《侏罗纪公园》《辛德勒的名单》《拯救大兵瑞恩》《印第安纳·琼斯》三部曲、《回到未来》三部曲等，获奖无数。

抓住关键，有的放矢

李·拉克克卡是意大利移民的儿子，生于 1924 年。

李·拉克克卡早在利哈伊大学读书期间，曾为一位利用木炭作动力创制出小汽车的教授写过一篇新闻报道，并绞尽脑汁为这篇报道起了一个醒目的标题。李·拉克克卡说："我了解到许多人并不看报纸内容，只看大标题和副标题，也就是说大标题或副标题可以对读者产生很大的左右力量。"文章发表后被美联社采用，并被成百上千的报纸转载。凭借这篇文章，李·拉克克卡被校刊聘为版面编辑，成为一位不错的校刊记者。

1960 年，由汽车推销员起家的拉克克卡升任福特汽车公司最大的一个部门的经理。李·拉克克卡亲自带队研制野

智慧心语

努力是成功之母。

——[西班牙]塞万提斯

马牌轿车，使销售状态疲软的福特公司盈利能力大增。1970年升任为福特汽车公司的总经理，直至小亨利·福特接掌福特。

1978年离开福特公司后，李·拉克克卡出任正面临破产危机的克莱斯勒公司董事长。为了挽救克莱斯勒公司，李·拉克克卡频繁穿梭于白宫与国会之间，希望能从政府那里获得贷款。

为了争取到更多人的支持，李·拉克克卡决定制作一系列广告来实现危机公关。他希望借助广告明确地告诉公众：第一，克莱斯勒公司绝不会关门；第二，我们正在生产美国真正需要的汽车。与李·拉克克卡有着长期合作关系的克·埃广告公司经过一番绞尽脑汁的创作，一条条直率、坦诚的公关广告开始在各大媒体上频频亮相。这一系列广告的特别之处还在于，李·拉克克卡在每条广告文下方都签上了自己的大名，他向社会公众宣布：一家即将破产的公司老板把自己的声誉全都搭在企业上了，他在用自己的全部心智创造产品。果然，这一系列广告在政府以及社会公众中引起很大反响，一时间克莱斯勒成了社会各阶层的热门话题，最终政府决定给予克莱斯勒公司贷款。

当时的美国总统卡特曾对李·拉克克卡调侃地讲："我和妻子都很欣赏你在电视上做的广告，你已经变得和我一样出名了。"最终李·拉克克卡力挽狂澜，使得克莱斯勒汽车公司起死回生，仅用五年就使克莱斯勒公司盈利。

大器晚成的弗里曼

大咖故事会

　　凭借在《为戴茜小姐开车》中的老司机形象而名声大噪的美国黑人演员——摩根·弗里曼，被观众评选为"美国最优秀的演员"之一。弗里曼戏路极广，小到仆人，大到总统，几乎所有的角色他都能完美地诠释。众多导演也评价他是一位现今少数具有演技实力的黑人明星，具备最出色演员所应具备的各种素质，他能快速投入各种不同的角色之中。

　　起初，刚在百老汇舞台站住脚的弗里曼准备从纽约到好莱坞谋求发展。当时的好莱坞热潮刚刚兴起，所有想演戏的人都到好莱坞去谋出路。弗里曼也想去闯荡一番，但他的经纪人却强烈反对，严肃地对他说："老朋友，不要急躁！当他们需要你时，必定会来找你的；现在关键的问题并不是你认识谁，而是谁认识你。"最终弗里曼听取了经纪人的忠告，放弃了到好莱坞发展的机会，继续在舞台上磨炼自己的演技。随着时间的推移，越来越多的人开始认识了弗里曼，也有越来越多的导演特地从好莱坞赶到纽约来找他。

　　这位貌不惊人，凸眼厚唇，却浑身满是演戏细胞的黑人，在多次与奥斯卡奖项擦肩而过后，他并没有放弃，通过自己多年不懈的努力，终于凭借《百万美元宝贝》的出色演出，在68岁时获得了最佳男配角奖。

　　弗里曼在参加中央电视台《东方时空》栏目的"高端访谈"时，说过这样一段话："我从来没有认为自己的目标是得奖或成为明星，我就是喜欢演戏这份工作，我只想把角色演好，不管他是配角还是主角。"在遇到接踵而来的挫折和障碍的时候，每个人所采取的态度是截然不同的，很多人往往在最初的时候充满了奋斗的热情，保持着旺盛的斗志。然而，往往

发展到最后的关头，成功者与失败者便显示出了彼此的不同。成功者能够克服困难坚持到最后，而失败者则慢慢丧失了信心，索性放弃了努力，因而成功者和失败者便在最后时刻站在了恰恰相反的两个行列中。

如果你有99%想要成功的欲望，却有1%想要放弃的念头，也会与成功无缘。有时，成功与失败之间的区别也就仅仅在于是否能够坚持到底。

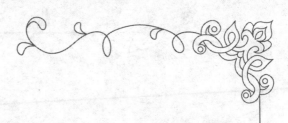

PART 02

提升自我

一个人可以没有能力，但是不能没有信念——必胜的信念。因为能力可以培养，而信念却是一种不可培养的东西。今天，你将开始研究积极自信的誓言、自我激励训练，或者称为"告诉自己必胜"的技巧。积极的自我告诫很重要吗？回答是肯定的。自我誓言有什么不寻常的作用吗？绝对有。成功的人士在前进途中每天都会用积极的词语勉励自己。从今天开始，你也这样做，看看自我激励的效果如何。从誓言中获取力量，从誓言中确定自己的方向！

不断的奋斗就是走上成功之路。

——孙中山

一切都可以重新再来

　　山里住着一位以砍柴为生的樵夫，在他的辛勤劳作下，终于建造了一间可以遮风挡雨的房子。有一天，当他挑着砍好的木柴回家时，却发现他的房子失火了。

　　左邻右舍都前来帮忙救火，但是因为风势过于强大，没有办法将火扑灭，一群人只能静待一旁，眼睁睁地看着炽烈的火焰吞噬了整栋木屋。

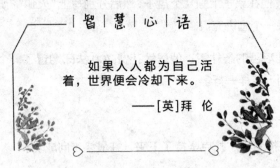

|智|慧|心|语|

如果人人都为自己活着，世界便会冷却下来。

——[英]拜 伦

　　火灭后，只见这位樵夫手里拿了一根棍子，跑进已倒塌的屋里不断地翻找着。围观的邻人以为他翻找藏在屋里的珍贵宝物，都好奇地在一旁注视着他的举动。过了半晌，樵夫终于兴奋地叫着："我找到了！我找到了！"

　　邻人纷纷上前一探究竟，才发现樵夫手里捧着的是一片斧刃，根本不是什么值钱的物件。樵夫兴奋地将木棍嵌进斧刃里，充满自信地说："只要有这柄斧头，我就可以再建造一个更坚固耐用的家。"

勇气尚在，一切都可以重新再来。

粉碎一切障碍

世界级的大文豪巴尔扎克本来学的专业是法律，大学毕业后却发现自己真正喜欢的是文学，于是立志要当一名作家。他父亲对此大为恼火，切断了对他的经济支持，而巴尔扎克的投稿又屡屡被退回来。不久，巴尔扎克就负债累累，甚至一度只能靠吃点干面包和白开水来维持。但巴尔扎克自有一套办法：在就餐时，他在桌子上画几个盘子，然后分别写上"火腿""奶酪""牛排"等字样，来一个画饼充饥。

更绝妙的是，在如此艰苦的条件下，他居然花费 700 法郎购置了一个豪华手杖，并在手杖上刻上这样一行字：

我将粉碎一切障碍。

这句气壮山河的话支撑着巴尔扎克坚持了下来，并最终走向成功。

我们也许不必将这行字刻在什么豪华手杖上，但定要将之记在心里，使自己有如此的决心和气概。

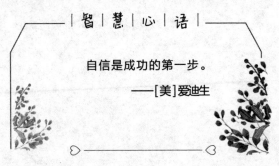

| 智 | 慧 | 心 | 语 |

自信是成功的第一步。

——[美]爱迪生

英国著名首相丘吉尔下台之后，有一次到牛津大学作毕业典礼致辞。主持人一番隆重冗长的介绍词之后，丘吉尔走上讲台，两手抓住讲台，注视观众，沉默良久，他开口说道："永远，永远，永远不要放弃！"

接着又是长长的沉默，他又一次强调："永远，永远，永远不要放弃！"

他又注视观众片刻，然后回到座位上。无疑，这是历史上最短的一次演讲，也是丘吉尔最脍炙人口的一次演讲。

有一位女游泳选手，立志要成为世界上第一位横渡英吉利海峡的人。为了实现这一目标，她潜心苦练了很长时间。这一天终于来临了，女选手满怀信心地跃入大海，奋力地朝对岸游去。但是快接近对岸时，海上起了浓雾，她在茫茫大海中，完全失去了方向感，不知道到底还要游多远才能上岸。她越游越心虚，越游越没有信心，最后终于宣布放弃了。

当救生艇将她救起时，她才发现只要再游一百多米就到对岸了。她遗憾地说："要是我知道距离目标只有这么近，无论如何，我也会坚持到底的。"

最艰苦的时候，或许就是最接近目标的时候，恰恰是在这个时候大多数人选择了放弃。

改变世界从改变自己开始

下面是一位安葬于西敏寺的英国主教的墓志铭：

我年少时，意气风发、踌躇满志，当时曾梦想要改变世界，但当我年事渐长，阅历增多，我发觉自己无力改变世界，于是缩小了范围，决定先改变我的国家。

但这个目标还是太大了。

接着，我步入了中年，无奈之余，我将试图改变的对象锁定在最亲密的家人身上。但天不遂人愿，他们还是维持原样。

当我垂垂老矣时，我终于顿悟了一件事：我应该改变自己，用以身作则的方式影响家人。

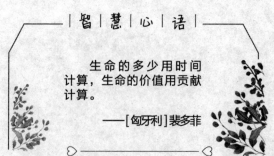

|智|慧|心|语|

生命的多少用时间计算，生命的价值用贡献计算。

——[匈牙利]裴多菲

若我能先当家人的榜样，也许下一步就能改善我的国家，再后来，我甚至可能改造整个世界，谁知道呢！

这应该是对"修身、齐家、治国、平天下"的西方式的注解，毫无疑问，我们要做的第一件事是修身。

才华带来自信，一起燃烧小宇宙

清光绪年间，孙中山从日本留学回国。有一次，他路过武昌总督府，想见一下两广总督张之洞，便让守门人传进一张便条。张之洞见条子上写着"学者孙中山求见张之洞兄"，便问："他是什么人？"

守门人说："一个书生。"

张之洞不大高兴，提笔便在条上写道："持三字帖，见一品官，白衣尚敢称兄弟？"

守门人出来，将条子递给孙中山，孙中山一看，又在便条上写道：

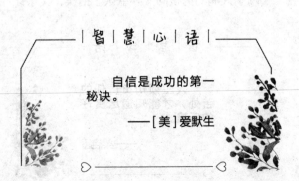

| 智 | 慧 | 心 | 语 |

自信是成功的第一秘诀。

——[美]爱默生

"行千里路，读万卷书，布衣也可傲王侯。"

守门人又将条子传了进去，张之洞一看，连忙说："请！"

拥有真才实学的人，即使身无分文，也可雄视天下，因为才华让他们自信。

责任与担当

1920 年，有个 11 岁的美国男孩踢足球时，不小心打碎了邻居家的玻璃，邻居向他索赔 12 美元。在当时，12 美元是个不小的数目，足足可以买 120 只生蛋的母鸡！

闯了大祸的男孩向父亲承认了错误，父亲让他对自己的过失负责。

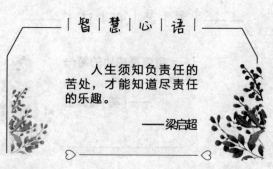

| 智 | 慧 | 心 | 语 |

人生须知负责任的苦处，才能知道尽责任的乐趣。

——梁启超

男孩为难地说："我哪有那么多钱赔人家？"父亲拿出 12 美元说："这钱可以借给你，但一年后要还我。"

从此，男孩开始了艰苦的打工生活，经过

半年的努力，终于挣够了 12 美元这一"天文数字"还给了父亲。

　　这个男孩就是日后成为美国总统的罗纳德·里根。他在回忆这件事时说："通过自己的劳动来承担过失使我懂得了什么叫责任。"

追逐他人成功的脚步

　　杜鲁门是在罗斯福总统病故时接任总统的。杜鲁门在记者面前坦率承认他的沉重："当人们告诉我我是总统时，我觉得月亮、星星和所有的星球都压到我身上来了。"罗斯福太伟大了，他的身影足以把杜鲁门遮没，使得杜鲁门当副总统时的作用只相当于一个礼宾官员。1948 年，杜鲁门与杜威竞选总统，"除了杜鲁门本人以外，所有人都把他作为失败者一笔勾销了"。新闻界不断地怜惜他、教训他，直到选举结果揭晓的那天早晨，《芝加哥论坛报》不等计票结束就抢先公布选举结果，大标题是"杜威击败杜鲁门"。然而，杜鲁门以领先 4 个百分点获胜。

　　杜鲁门在总统位置

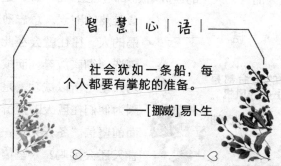

| 智 | 慧 | 心 | 语 |

社会犹如一条船，每个人都要有掌舵的准备。

——[挪威]易卜生

上做得有声有色。他促进联合国的创立，实施"马歇尔计划"，复兴西欧与日本……事实证明，杜鲁门完全是一个称职的总统。

人生不设限

张海迪 5 岁的时候，因患脊髓血管瘤造成高位截瘫，但她身残志坚，勤奋学习，热心助人，被誉为"当代保尔"。在残酷的命运挑战面前，张海迪没有沮丧和沉沦，她以顽强的毅力和恒心与疾病做斗争，经受了严峻的考验，对人生充满了信心。她虽然没有机会走进校门，却发奋学习，学完了小学、中学全部课程，自学了大学英语、日语、德语和世界语，并攻读了大学和硕士研究生的课程。1983 年，张海迪开始从事文学创作，先后翻译、创作了《海边诊所》《轮椅上的梦》等一百多万字的作品。

大自然一年中有春夏秋冬，人的一生中有起伏得失，这些都是再正常不过的事情。但对大多数人而言，人生的挫折期就如同漫漫严冬一样，是最难熬的时候。意志薄弱的人，往往就会在此刻选择彻底放弃。而成功人士之所以成功，是因为他们在巨大的挫折面前坚信"冬天来了，春天还会远吗？"坚信

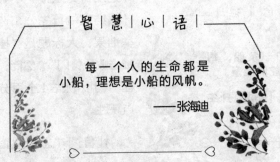

| 智 | 慧 | 心 | 语 |

每一个人的生命都是
小船，理想是小船的风帆。

——张海迪

所有的都会成为过去。

物极必反。最冷的时候，往往就是冬天的尾声；最失意的时候，多半也就是人生的谷底。只要抬脚往前走，就会走上高处。

要敢和别人不同

美国钢铁大王卡内基小的时候家里很穷，有一天，他放学回家时经过一个工地，看到一位穿着华丽、像老板模样的人在那儿指挥工人干活。

"请问你们在盖什么？"他走上前去问那位老板模样的人。

"要盖个摩天大楼，给我的百货公司和其他公司使用。"那人说道。

"我长大后要怎样才能像你这样？"卡内基以羡慕的口吻问道。

"第一要勤奋工作……"

"这我早知道了，老生常谈，那第二呢？"

"买件红衣服穿！"

聪明的卡内基满脸狐疑，"这……这和成功有关？"

"有啊！"那人顺手指了指前面的工人说道，"你看他们都是我的手下，但都穿着清一色的蓝衣服，所以我一个也不认识……"说完他又特别指向其中一位工人，"但你看那个穿红衬衫的工人，我长时间注意到他，他的身手和其他人差不多，但是我认识他，所以过几天我会请他做我的副手。"

| 智 | 慧 | 心 | 语 |

人生的真正欢乐是致力于一个自己认为是伟大的目标。

——[英]萧伯纳

永远都要坐前排

20世纪30年代，英国一个不出名的小镇里，有一个叫玛格丽特的小姑娘，她自小就受到严格的家庭教育。父亲经常向她灌输这样的观点：无论做什么事情都要力争一流，永远做在别人前头，而不能落后于人。"即使是坐公共汽车，你也要永远坐在前排。"父亲从来不允许她说"我不能"或者"太难了"之类的话。

对年幼的孩子来说，他的要求可能太高了，但他的教育在以后的年代里被证明是非常宝贵的。正是因为从小就受到父亲的"残酷"教育，玛格丽特才培养了积极向上的决心和信心。在以后的学习、生活和工作中，她时时牢记父亲的教导，总是抱着一往无前的精神和必胜的信念，尽自己最大努力克服一切困难，做好每一件事情，事事必争一流，以自己的行动实践着"永远坐在前排"。

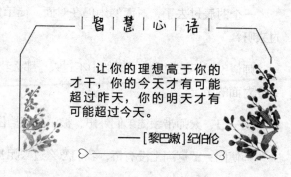

智 | 慧 | 心 | 语

让你的理想高于你的才干，你的今天才有可能超过昨天，你的明天才有可能超过今天。

——[黎巴嫩]纪伯伦

正因为如此，四十多年后，英国乃至整个欧洲政坛上出现了一颗耀眼的政治明星。她就是连续四年当选保守党领袖，并于 1979 年成为英国第一位女首相，雄踞政坛 11 年之久，被世界政坛誉为"铁娘子"的撒切尔夫人。

山不过来，我就过去

一位大师带领几个徒弟参禅悟道。

徒弟说："师傅，我们听说您会很多法术，能不能让我们见识一下。"

师傅说："好吧，我就给你们露一手'移法大师'吧，我把对面那座山移过来。"说着，师傅开始打坐。

一个时辰过去了，对面的山仍在对面。徒弟们说："师傅，山怎么不过来呀？"

师傅不慌不忙地说："既然山不过来，那么我就过去。"说着站起来，走到对面的山上。

又一日，大师带领徒弟们外出，被一条河挡住了去路。

师傅问："这河上没有桥，我们怎么过去呢？"

有弟子说："我们蹚水而过。"师傅摇头。

有弟子说："我们回去吧。"师傅仍摇头。

众弟子不解，请教大师。

大师说："蹚水而过，衣衫必湿，水深则有性命之忧，不足取；转身而回，虽能保平安，但目的未达，也不足取。最好的办法是顺着河边走，总会找到小桥的。"

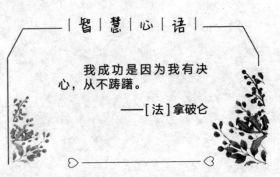

| 智 | 慧 | 心 | 语 |

我成功是因为我有决心，从不踌躇。

——[法]拿破仑

"山不过来我就过去"和"没有桥就顺着河走"揭示了同一个道理：做一件事情，当我们用一种方法难以奏效时，不妨换一种思维方式，换一个角度。

正如在大海上行船一样，也许我们无法改变风的方向，但我们可以改变帆的方向。一意孤行是成功的大敌，灵活多变才是成功的捷径。

命运握在你自己手中

一个人一直坚信着"命运"的说法，他的生活一直很贫困。他想：难道是命运注定如此吗？他带着疑问去拜访一位禅师，问："您说真的有命运吗？"

"有的。"禅师回答。

"但我的命运在哪里？是不是我的命运就是黯淡和贫穷呢？"他问。

禅师就让他伸出左手并指给他看，说："你看清楚了吗？这条线就是命运线。"然后禅师又让他跟着自己做一个动作：把手慢慢地握起来直到握得紧紧的。

"命运呢？"禅师问。

那人终于恍然大悟，原来命运就在自己手里。

命运每时每刻都在自己手中，何必埋怨别人呢？

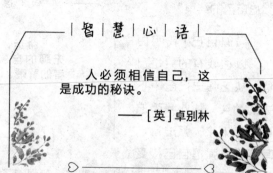

| 智 | 慧 | 心 | 语 |

人必须相信自己，这是成功的秘诀。

——[英]卓别林

强迫自己不断干下去

美国畅销书作家吉米·盖茨回忆自己成功之路时写道：

在读中学的时候，我就觉得我必须写点什么。我时常感到自己看到、听到的东西老憋在胸中，胀得难受。可每次坐下来又不知如何下手，有时连标题也想不出。

就这样过了许多年。终于有一天，这种令我困惑苦恼的局面发生了变化。那是我在巴塞罗那遇到一个朋友之后。我的这个朋友原来是个小商人，可现在成了大饭店的老板。那天晚宴时他对我说："我失败了许多次，但每次都强迫自己干下去。"他举起酒杯，感慨地环视了一下华丽的餐厅，"这一切都是强迫自己的结果"。

强迫自己！我明白了，以往我有的只是自信，缺乏强迫自己干下去的劲头。从此我强迫自己坐下来，强迫自己写下去，强迫自己接受和摆脱痛苦与失败……谢谢那位朋友，我强迫了自己，所以也有了今天。

| 智 | 慧 | 心 | 语 |

命运，不过是失败者无聊的自慰，不过是懦怯者的解嘲。

——茅盾

初中学历的数学家

大咖故事会

当代自学成才的科学巨匠——华罗庚，是中国解析数论、矩阵几何学、自守函数论与多复变函数论等很多方面研究的创始人与开拓者。可是谁能想到在数学领域做出骄人成绩的著名数学家，学历只是初中毕业呢！

1930年的一天，清华大学数学系主任熊庆来，坐在办公室里看一本《科学》杂志。看着看着，不禁拍案叫绝："这个华罗庚是哪国留学生？"周围的人纷纷摇了摇头，"他是在哪个大学教书的？"人们面面相觑。最后还是一位江苏籍的教员想了好一会儿，才慢吞吞地说："我弟弟有个同乡叫华罗庚，他哪里教过什么大学啊！他只念过初中，听说是在金坛中学当事务员。"

熊庆来惊奇不已，一个初中毕业的人，能写出这样高深的数学论文，必是奇才。他当即做出决定，将华罗庚请到清华大学来。

从此，华罗庚就成为清华大学数学系的助理员。在这里，他如鱼得水，每天都游弋在数学的海洋里，只给自己留下五六个小时的睡眠时间。第二年，他的论文开始在国外著名的数学杂志陆续发表。清华大学破了先例，决定把只有初中学历的华罗庚提升为助教。

几年之后，华罗庚被保送到英国剑桥大学留学。可是他不愿读博士学位，只求做个访问学者。因为做访问学者可以冲破束缚，同时攻读七八门学科。他说："我到英国，是为了求学问，不是为了得学位。"

虽然华罗庚没有拿到博士学位，但是他在剑桥的两年内写了不下20篇学术论文。每一篇论文的技术水平都可以拿到一个博士学位。其中一篇关于"塔

内问题"的研究，他提出的理论更被数学界命名为"华氏定理"。华罗庚将自己的一生献身于钟爱的数学研究事业，在抛弃了对金钱、名利的庸俗追逐后，勤奋、刻苦的钻研最终使华罗庚在数学领域里做出了无人能及的巨大贡献。

　　天才的形成在于勤奋！如果我们天资聪慧，勤奋则犹如切割宝石的刀片令我们更加光芒四射；如果我们资质平平，勤奋便犹如缝补破旧衣服的针线令我们巧妙地弥补自身的不足。正所谓：业精于勤，荒于嬉；行成于思，毁于随。

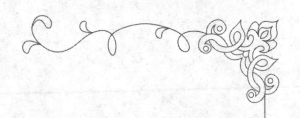

PART 03

以梦为马，不负韶华

　　柏拉图曾经说过："想象力统治全世界。"爱迪生也认为："想象力比知识更重要。因为知识只限于我们现在所知道和了解的，而想象力却包括了整个世界，以及我们未来将知道及了解的一切。"物质是由心灵的能量产生出来的，在这个地球上，包括你身体数十亿个细胞与物质的每一个原子，都是由无形无象的能量所产生的！那么意念从何而来呢？亚当·斯密精辟地指出："意念是一切成功的起源，是想象力的产品。"不要怀疑，紧跟着你的理想向前飞奔吧！

不干，固然遇不着失败，也绝对遇不着成功。

——邹韬奋

向阳而生，逆风翻盘

汉朝景帝中元五年（公元前 145 年），在黄河岸边姓司马的人家诞生了一个男孩，父亲为男孩取名迁。这个男孩就是中国历史上著名的历史学家司马迁。

据说，周朝时，司马这个姓氏，世世代代掌管周朝历史的记载。后来因为动乱，司马氏世代相传的史职才中断了，所以司马迁的祖辈并不显赫。但是，世代做史官的家世很值得他们荣耀和自豪。

司马迁成年之后，立志继承父亲的修史事业，写出一部能传之后世的史书。旺盛的求知欲使他不满足于已经掌握的书本知识，从而萌动了漫游全国的念头。他打算到全国各地考察山川形势，搜集流传在人们口头上的活资料和散失在民间的历史资料，为他今后写史做准备。

20 岁那一年，司马迁背着简单的行李，独自离开长安，踏上了旅途，开始了艰苦的考察

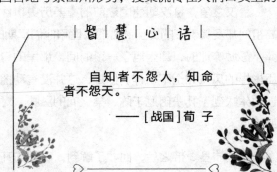

| 智 | 慧 | 心 | 语 |

自知者不怨人，知命者不怨天。

—— [战国] 荀 子

生活。

他首先向陌生的南方行进。出武关后，取道南阳，过长江来到长沙，寻访汉初文学家贾谊的旧事和资料。贾谊才气横溢，是汉文帝时代最年轻的博士，但怀才不遇，英年早逝。司马迁又来到汨罗江畔，凭吊向往光明、向往统一的爱国诗人屈原。站在江边，想到屈原报国无门、抱石沉江的往事，不禁伤心地落下眼泪。后来，司马迁在《史记》中为屈原、贾谊合起来立为一传，取名《屈原贾生列传》，表达了他对这两位著名文学家不幸政治遭遇的同情，以及对他们的景仰和怀念。

然后，他折向东去，登上庐山，俯瞰茫茫的江面，考察大禹疏导九江的传说。为了探寻传说中的"禹穴"，司马迁又沿江东下，来到浙江绍兴的会稽山，凭吊大禹陵。

会稽是越国的故地，司马迁广泛搜集越国的史料。越王勾践卧薪尝胆、振兴越国的史实，深深地感动了司马迁。

告别会稽后，司马迁登临姑苏山。当年吴王夫差称雄吴越，骄纵声色，不可一世，渐渐疏远贤者，宠信吹牛拍马的小人，最后被越王勾践围困在姑苏山上，求和不得，欲战不能，只得在悔恨之中自杀身亡。后来，司马迁在《史记》中把越王勾践、吴王夫差描写得活灵活现，都得力于这次实地的考察。离开吴国故地，司马迁向北来到韩信的故乡淮阴。当地还盛传着漂母教诲韩信的动人故事。在《淮阴侯列传》中，司马迁着意将这个故事写进韩信的传记中，激励后世的青年人奋发向上。

楚汉之争，是汉朝建国之前的重要历史事件。他决定在归途中调查汉高祖刘邦及其手下的文臣武将的家世和他们早期的经历。在司马迁路过蕃、薛、彭城等地时，却困厄了一段时间，那里的青年人大多暴桀，与邹鲁文质彬彬的风气完全不一样。但是，这并没有动摇他漫游考察的意志，反而让他体味到了孔子困厄于陈、蔡之间的滋味，对他描写孔子的这段经历帮助不小。

到达沛县一带之后，他才了解到，汉朝的开国元勋，原来一个个都是贩夫走卒。在鸿门宴上救刘邦脱险的樊哙，当初是个卖狗肉的屠户；夏侯婴是衙门里跑腿的车夫脚力；周勃靠编织养蚕的草具糊口；萧何与曹参，也只不过是沛县衙门里的小吏。他们当初做梦也没想到以后会成为汉朝的王侯公卿。司马迁了解到这些情况后，情不自禁地感慨道："王侯将相宁有种乎！"就在这时，司马迁遭遇到飞来的横祸。

汉武帝在公元前 99 年派将军李陵出击匈奴，李陵寡不敌众，被迫投降了匈奴。消息传到朝廷，武帝召集群臣，讨论对李陵的惩罚，司马迁为李陵辩解，汉武帝一气之下，将司马迁逮捕入狱，处以腐刑（割下生殖器）。在封建社会，士大夫宁愿就死，也不愿接受这种羞辱人格、被天下耻笑的刑罚。但是，司马迁想到父亲临终的嘱托，想到自己作为史官的责任，是要写出一部"究天人之际，通古今之变，成一家之言"的历史著作，也就放弃了轻生的念头，决心忍辱负重地活下去。

顶着众人的耻笑，司马迁独居幽室，开始了勤奋的著述。他常常用古代志士仁人在困苦挫折中发奋著述的形象激励自己：

周文王被关在里（在今河南汤阴北），写出了《周易》；孔子困厄于陈、蔡，写出了《春秋》；屈原遭到放逐，才有《离骚》；左丘明双目失明后，写出了《国语》；孙膑被剜去膝盖骨，才写出了《兵法》。

在孤独和悲愤之中，司马迁著史的意志越来越坚定。他订出写作的体例和计划，网罗天下的旧闻，详细考证古代的人物、制度，总结王朝兴衰成败的规律，日复一日，月复一月，年复一年地秉笔直书。

有一段时间，汉武帝又任命他为中书令。但是，对于汉武帝的宠信，他没有丝毫的宽慰和喜悦，耻辱感仍然像阴影一样缠绕着他，支撑他顽强地活下去的事情只是《史记》的写作。

人生目标引领你前行

今天的成功之路的意义是：做你想做的。许多达到成功巅峰的人士相信，他们的成功在于他们把握住了自己的命运，实现了他们的人生使命。他们中一些人认为这一切其实很简单：他们只不过是努力去做了某件事而已，或者只是顺其自然而已。通过调查，在人们的生活道路上有三件事会阻碍人们去履行自己的使命：第一是时间。他们没有时间，他们日常有太多不堪重负的工作要完成，还要去尽各种责任和义务。第二是金钱。他们没有钱，所以一筹莫展。第三是勇气。即使他们知道自己必须做什么，也拿不出勇气来。

直截了当地说，这三个问题中焦点是第三个：勇气。我们有很多的方法可以挤出时间，如果使命是正确的，那么钱并不是什么问题。关键的问题是必须有决心、有勇气迎接挑战，有勇气一步一步地向前走去，明白如何开启生活之路上一重重大门，让生命一次次地达到新的高度。

安德森——美国健康工程的发起人，出版了很多本专著。1984 年，他被诊断出患有肺癌，并且癌细胞已经转移到了他的淋巴系统。诊断书无情地宣判他只有 30 天的寿命。由于药物对他的病症已经无能为力了，安德森决定自己拯救自己。他遍访那些像他一样曾被医学判处死亡却侥幸生存下来的人，通过对一个又一个幸存者的访问，他发现，所有能够在绝症下幸运活下来的人，都有着强烈的、炽热的、势不可当的求生欲望。他所研究的每一个人最后都奇迹般地活了下来。这些幸存者，无论男女，都坚定地相信他们来到这个世界上是为了完成一项个人使命，他们还没有来得及去做，他们渴望能够完成自己的使命。安德森的研究使自己豁然开朗，他意识到自己的使命是唤起人们的健康意识。

今天，他依然健康快乐地活着。他最近出版的一本书《有目标的生活》，是了解自己的人生使命，明确个人生命存在的目的，改变人生进程方面最优秀的指南。

有两件事情值得在这里一提。第一，你也许在过去从来没有意识到你是为了某个目标而降生、为了某个使命而生存。如果你真的从来没有意识到，那么在这里要提醒你，你的确肩

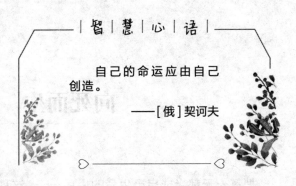

| 智 | 慧 | 心 | 语 |

自己的命运应由自己创造。

——[俄] 契诃夫

负着某个生命目标和人生目的，你应该发现它们。如果你至今还没有发现，那么就想想人们常说一句话："虚构一个直至你拥有一个。"当你有了一个远大的目标时，你就有了百分之九十九的机会变得强有力，你会成为一个坚定的信念奉行者，你肯定能够发现你的人生使命。请相信，它们就在那里等着你！

第二，你也许对你目前的生活状况能够发生变化的可能性充满怀疑，面对束手无策的绝症还值得再去做这些努力吗？你会问当你还有家庭需要负担，还有房屋按揭需要支付，还有生意需要安排，还有各种责任和义务需要承担时，突然把整个生活颠倒过来，这样做是否明智？安德森告诉我们，这种限制性思维是很普遍、很平常的。

正如安德森建议的那样，消除自我限制的消极心意，给予自己追求美好生活的自由。相信你如所有的人一样是有人生目标的。结交能够分享你

的信念和目标的人，远离那些饱食终日、无所用心的庸碌之辈。勇敢地做出自己的决定，你将会发现许多难以置信的机会，你将会惊喜异常地突然发现，这个世界最终能够为你提供值得孜孜不倦去追求的东西。

向死而生，重新认识时间

　　把每一天都当成自己生命的最后一天！这种生活态度或许过于严肃了——对于我们大多数人而言。但是，对于海伦·凯勒——一位在仅仅出生 19 个月就被病魔夺去视力、听力和语言表达能力的人而言，生活却是那么的残酷，以致她不得不从一开始就严肃地对待生活！

　　如果海伦·凯勒是一个稍微脆弱一点的人——或是一个并不脆弱的普通人，她恐怕只能独自生活在充满黑暗的孤岛里，在孤独、寂寞、焦虑与无奈中度过一生。但是，海伦·凯勒并没有向命运屈服，在 16 岁之前，她已经学会阅读盲文，并且有足够的书写和说话能力。后来，她进入哈佛大学拉德克利夫学院，1904 年她以优异成

| 智 | 慧 | 心 | 语 |

　　时间，每天得到的都是二十四小时，可是一天的时间给勤勉的人带来智慧和力量，给懒散的人只留下一片悔恨。

——鲁迅

绩毕业；她一生共写了 14 部深受欢迎的著作，她处处奔走，建起了一家家慈善机构，为残疾人造福。她虽然生活在黑暗之中，却给人类带来光明！她在《假如给我三天光明》里写道："假如给我三天光明，第一天，我要看人，他们的善良、温厚与友谊使我的生活值得一过；第二天，我要在黎明起身，去看黑夜变为白昼的动人奇迹；第三天，我会投入到大千世界芸芸众生的生活中去，寻找作为一个正常人的所有感动……"

说得多么好啊！如果说海伦尚且能够在黑暗中寻找光明，在绝望中憧憬希望，在痛苦中热爱生活，那身体健康的我们岂不是应该更加热爱生活，珍惜生活的每一天！

燃烧起来的人生

大家对奥斯特洛夫斯基这个名字应该是不陌生的，因为他和他的名著《钢铁是怎样炼成的》曾经伴随着几代人成长。

奥斯特洛夫斯基出生在乌克兰一个贫困的工人家庭，11 岁便开始当童工。1919 年加入共青团，随即参加国内战争。由于他长期参加艰苦斗争，健康受到严重损害，到 1927 年健康情况急剧恶化，但他毫不屈服，以惊人的毅力同病魔做斗争。同年底，他着手创作一篇关于科托夫斯基师团的"历史抒情英雄故事"（即《暴风雨所诞生的》）。不幸的是，唯一一份手稿在寄给朋友们审读时被邮局弄丢了。这一残酷的打击并没有挫败他的坚强意志，反而使他更加顽强地同疾病做斗争。1929 年，他全身瘫痪，双目失明。1930 年，他用自己的战斗经历作素材，以顽强的意志开始

智 慧 心 语

> 我要扼住命运的咽喉，
> 绝不能让命运使我屈服。
>
> ——[德] 贝多芬

创作长篇小说《钢铁是怎样炼成的》，并获得了巨大成功。他用自己的一生历程诠释了这句话的含义，这种精神是成功人生所必需的。

要敢于做梦，万一不小心实现了呢

有个叫蒙提·罗伯兹的小男孩，他的父亲是位马术师，他从小就跟着父亲东奔西跑，一个农场接着一个农场地去训练马匹。初中时，有次老师叫全班同学写报告描述自己的梦想。他写了 7 张纸，那就是想拥有一座属于自己的 200 英亩（1 英亩 ≈ 4047 平方米）的牧马农场，还要建造一栋占地 4000 平方英尺的巨宅。

两天后他拿回了报告，分数是不及格。他去找老师："为什么给我不

及格？"老师回答道："你这个梦想根本无法实现，你如果肯重写一个比较不离谱的志愿，我会重打你的分数。"

这男孩回家后征询父亲的意见。父亲只是告诉他："儿子，这是个非常重要的决定，你必须拿定主意。"再三考虑好几天后，他将原稿交回并告诉老师："即使拿个大红字，我也不愿放弃梦想。"

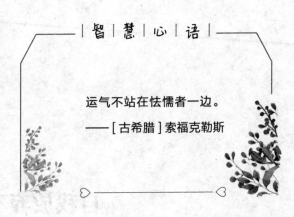

| 智 | 慧 | 心 | 语 |

运气不站在怯懦者一边。

——[古希腊]索福克勒斯

20 年后，那位老师带了 30 个学生来蒙提的 200 英亩农场和 4000 平方英尺的豪华住宅露营一个星期……

这个真实的故事告诉我们，确定自己的梦想并非难事，然而追随它的过程却是一个用生命去拼搏的艰难征程。

自我放弃不是你的 style

　　这里我想起了美国人乔治·西屋的经历。小学时，老师认为他"迟钝不实际"，并要求他退学，可他不以为然。20 岁之前，他已经发明了一个旋转蒸汽引擎并申请获得了专利。稍后他又发明了一种装置，能使出轨的火车回到轨道上，全美国的铁路几乎都购买了这种装置。他的一生发明众多，拥有 400 多项发明的专利权，而且还一手创立了巨大的工业王国。直到老年他坐在轮椅上，仍然不停地发明。

　　如果他在老师给他做出断定后，便放弃了自我，放弃了希望，我想，这段历史不会，也不可能由我们来提及。自暴自弃，往往是每个人在失败时冲动的念头，但一旦有了这种念头，那么你就会给自己成为失败者找到很好的理由。

| 智 | 慧 | 心 | 语 |

　　当命运递给我一个酸的柠檬时，让我们设法把它制造成甜的柠檬汁。

——[法]雨　果

要学会负重前行

美国总统罗斯福在中年时患小儿麻痹，这时他做了参议员，在政坛上炙手可热，遭此打击，差点心灰意冷，退隐乡园。

开始时，他一点也不能动，必须坐在轮椅上，但他讨厌整天依赖别人把他从楼上抬上抬下，于是就在晚上一个人偷偷地练习上楼梯。

有一天他告诉家人说，他发明了一种上楼梯的方法，要表演给大家看。

原来，他先用手臂的力量，把身体撑起来，挪到台阶上，然后再把腿拖上去，就这样一阶一阶艰难缓慢地爬上楼梯。

他的家人阻止他说："你这样在地上拖来拖去的，被别人看见了多难看。"

罗斯福断然说："我必须面对自己的耻辱！"

只要生命没有结束——琴弦没有全部断掉，生活就要继续——演奏就要继续，难道你不想活得好些吗？——哪怕就剩下一根弦，也要尽可能地弹得好听些。

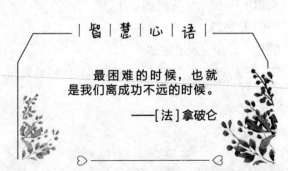

| 智 | 慧 | 心 | 语 |

最困难的时候，也就是我们离成功不远的时候。

——[法]拿破仑

善于学习，少走弯路

想想我们社会有这么多的行业，哪个行业没有老师呢？而我们的生活呢，你能模仿吗？别人又怎能模仿得了呢？当我们偶尔回头看看来时的路，是否对很多事情感到后悔甚至是觉得愚蠢？生活的学问无处不在。对待生活的过往，每个人的观念不同，所采取的方法、态度也不一样。

生活的学问太大，一般而言，我们有三种学习方法：一是向书本学习。书是人类文明智慧的结晶，里边有很多宝贵的财富。二是向周围的人学习。学习他们的优点，避免他们的失

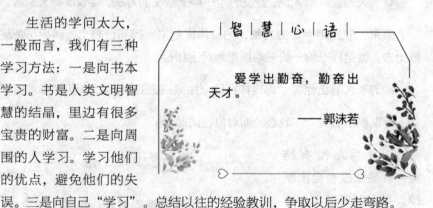

| 智 | 慧 | 心 | 语 |

爱学出勤奋，勤奋出天才。

——郭沫若

误。三是向自己"学习"。总结以往的经验教训，争取以后少走弯路。

你的产品就是你自己

乔·吉拉德被誉为世界上最伟大的推销员，他销售汽车的成绩被收录《吉尼斯世界大全》。那么你想知道他推销的秘密吗？他讲过这样一个故事：

记得有一次一位中年妇女走进我的展销室，说她想在这儿看看车打发一会时间。闲谈中，她告诉我她想买一辆白色的福特车，但对面福特车行的推销员让她过一小时后再去，所以她就先来我这儿看看，她还说这是她送给自己的生日礼物。

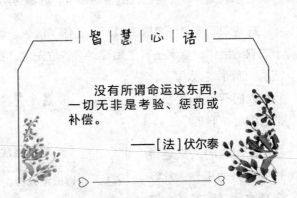

"生日快乐！夫人。"我一边说，一边请她进来随便看看，接着出去交代了一下。不一会儿，我的女秘书走了进来，递给我一束玫瑰花。我把花送给那位妇女："祝您长寿，尊敬的夫人。"

智	慧	心	语

没有所谓命运这东西，一切无非是考验、惩罚或补偿。

——[法]伏尔泰

显然她很感动，眼眶都湿润了。"已经很久没有人给我送礼物了。"她说，"刚才那位福特推销员一定是看我开了部旧车，以为我买不起新车，我刚才要看车他却说要去收一笔款。其实我只是想要一辆白色车而已，现在想想，不买福特也可以。"

最后她在我这儿买走了一辆雪佛莱，其实从头到尾我的言语中都没有劝她放弃福特而买雪佛莱的词句。

天下没有免费的午餐

相传数百年前，一位聪明的老国王召集了聪明的臣子，交代了一个任务："我要你们编一本《各时代的智慧录》，好流传给子孙。"

这些聪明人离开老国王以后，工作了很长一段时间，最后完成了一本十二卷的巨作。老国王看了后说："各位先生，我确信这是各时代的智慧结晶。然而，它太厚了，我怕人们不会去读完它。把它浓缩一下吧！"

这些聪明人又经过长期的努力工作，几经删减之后，完成了一卷书。然而，老国王还是认为太长了，又命令他

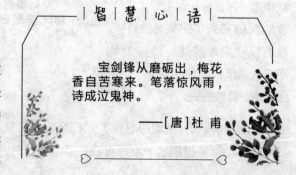

| 智 | 慧 | 心 | 语 |

宝剑锋从磨砺出，梅花香自苦寒来。笔落惊风雨，诗成泣鬼神。

——[唐]杜 甫

们继续浓缩。

这些聪明人把一本书浓缩为一章，然后浓缩为一页，再浓缩为一段，最后则浓缩成一句。老国王看到这句话时，显得很得意，说："各位先生，这真是各时代的智慧结晶，并且各地的人一旦知道这个真理，我们担心的大部分问题就可以解决了。"

这句千锤百炼的话是："天下没有免费的午餐。"

生命的良方

有个年轻人已接近神经崩溃的边缘。他的医生告诉他唯一的治疗方法就是忘记恐惧。若要忘记恐惧，可以去找一份高度紧张的工作。这位年轻人就到动物园找工作，他希望做一名驯狮师，后来就成了一名相当出名的驯狮师，他的毛病也好了。

美国有一位叫巴特勒的女士，有一天回到家里，她的女儿伏在栏

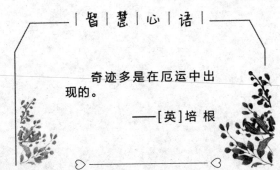

|智|慧|心|语|

奇迹多是在厄运中出现的。

——[英]培根

杆上急着要见母亲，谁知失去重心，从楼上掉了下来，当场死去，巴特勒女士悲痛欲绝。有位慈善机构的老太太来安慰她，说："我一生的大半时日都是照料流落街头的女孩子。现在我年事已高，没有力量再照顾这 40 多个女童，你何不来接手我的工作，让你忘记自己的忧伤。"巴特勒女士真的接过了这份工作。她虽然不能完全忘记自己的痛楚，但因为把他人的难处肩负了过来，她自己的伤痛就大大减轻了。

因此，当悲伤痛苦时，找份能替别人分担伤痛的工作做，在分担别人伤痛的时候，自己也会好起来。也许就像上面说的那样，神经紧张时，找份紧张的工作，这样在工作中就能解决自己的问题。

人生，不要轻言放弃

大咖故事会

　　美国前总统尼克松从小就被父母寄予厚望。在他13岁生日时，外祖母送给他一张林肯像，上面附着几句诗："伟人的一生时常提醒我们，要使自己的一生崇高庄严。在去世的时候，要在时间的沙滩上，留下自己的足迹。"外祖母意味深长地说道："我希望你能学习林肯那种坚持不懈的精神。"小尼克松重重地点了点头。

　　刚上中学的尼克松想要竞选下一届的学生会主席。为了能够顺利实现理想，尼克松每晚都在自己的小屋里声情并茂地演练竞选演说词。时间在他紧锣密鼓的筹备中飞驰而过，竞选的日子很快来临了。竞选当日，忐忑不安的小尼克松在台上发表了他的竞选演说，尽管演说非常精彩，但由于刚入校不久的他与同学们还不熟悉，最终落选了。

　　垂头丧气的小尼克松变得郁郁寡欢，将这一切看在眼里的父亲对他说："我的孩子，这是你第一次从事社会活动，这只是个开始。你心目中的偶像林肯也曾经历过失败，你知道吗？他坚持了下来，那你能不能做到呢？要想成为像林肯一样伟大的人，就不能轻言放弃，知道自己哪方面不行，就要想尽办法改善自己的不足。我相信你是最棒的！"聪明的小尼克松从话语中感受到了父母的良苦用心。

　　此后，小尼克松仍然积极地帮助同学，赢得了同学们的一致好评。同时，他还积极地提高演讲水平，无论是课堂交流还是正式的演讲比赛，小尼克松总是踊跃参加，为今后的从政生涯奠定了扎实的基础，练就了很强的表达能力和语言组织能力。

　　在同一个困难重重的环境中，成功者与失败者最关键的分界点在于谁能尝试着努力改变困境。学生会竞选失败的小尼克松可以选择被困难打倒，像其他人一样度过平淡无奇的学生生涯，但是坚定的信念支撑着小尼克松在初尝失败后勇敢地站了起来，无畏无惧的他用自己的实际行动为我们吟唱着悦耳的生命之歌。

　　涓流的水滴可以击穿山石，不是因为它力量强大，而是由于昼夜不分地滴坠；舂米的铁棒可以磨成绣花针，不是因为它材质柔软，而是由于坚持不懈地打磨。只要我们不轻言放弃，不懈的努力终将令我们到达成功的彼岸！

PART 04

成功路上的通关密码

　　"奋勇向前"，这是世界上大多数成功者的成功秘诀。它意味着勇敢和创造力，它也是进取者必须具备的特点。在人类历史中，只有那些相信自己、做事不退缩、勇敢而富有创造力的人和那些具有冒险精神的人，才能成就伟大的事业。

一个不注意小事情的人，永远不会成就大事业。

——［美］卡耐基

失败是正常的，哪有那么多一帆风顺

"失败不要紧，也许下次就成功了。"

席维斯·史泰龙，好莱坞动作巨星。关于史泰龙，他的健身教练曾经做出这样的评价："史泰龙做任何一件事都百分之百地投入，他的意志、恒心与持久力都令人惊叹。他是一个行动家，从来不呆坐着等待事情发生，他主动令事情发生。"史泰龙曾被选为全球一百大电影明星之一，并名列最顶尖的前二十名动作巨星之列。

史泰龙从开始懂事起，就记得父亲在赌博输光钱之后打他的母亲，然后再打他，母亲喝醉后也时常拿他出气。当他渐渐长大后，发现整个街区的大多数孩子，都和他有着同样的经历，他们都有个赌徒父亲或酒鬼母亲，天天生活在拳打脚踢中。

高中时，史泰龙辍学了，开始在街头瞎混，接受行人轻蔑、不屑的

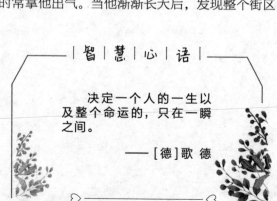

| 智 | 慧 | 心 | 语 |

决定一个人的一生以及整个命运的，只在一瞬之间。

——[德]歌德

眼光。史泰龙心里很是沮丧，他不止一次地问自己："我要这样下去吗？我要成为和父母一样的人吗？"经过长时间的思索后，史泰龙决定去当演员，他不要变成赌徒、酒鬼或混混儿。他想，当演员不需要学历，也不需要资本，自己可以试试，也许是一条出路。怀抱希望的史泰龙来到好莱坞，找明星，找导演，找制片，找一切可能使他成为演员的人，恳求他们给他一个机会，但一次又一次地被拒绝了。为了维持生活，史泰龙便在好莱坞打工，干些笨重的零活。两年的时间一晃而过，史泰龙遭到了上千次拒绝。面对一次次的拒绝，他不断鼓励自己："不要紧，也许下一次就行，再下一次……"

史泰龙知道，失败一定是有原因的，每被拒绝一次，他就认真反省、检讨、学习一次，从中总结经验和教训，然后再度出发，寻找新的机会。史泰龙也尝试写剧本，希望剧本被导演看中后，能实现他当演员的梦想。一年后，剧本写了出来，但没一个人欣赏。史泰龙再一次对自己说："不要紧，也许下一次就行。"在遭到多次拒绝和修改后，一位曾拒绝了他很多次的导演对他说："我不知道你能不能演好，但你的坚持让我感动，我可以给你一个机会，把你的剧本改成电视连续剧，不过先只拍一集，你当男主角，看看效果再说。如果效果不好，你就放弃当演员这个念头吧。"这个片子叫《洛基》，说的是一个永不言败的硬汉的故事，播出后一炮走红。从此以后，史泰龙连续出演的几部影片都满座，逐渐奠定了他巨星的地位。在鼎盛时期，史泰龙的片酬高达每部 2000 万美金。

点亮希望的灯塔

亚历山大大帝给希腊世界和东方、远东的世界带来了文化的融合，开辟了一直影响到现在的"丝绸之路"。

为了登上征伐波斯的漫长征途，他必须买进种种军需品和粮食等物资，为此他需要巨额资金。但他把自己珍爱的财宝乃至所有的土地，几乎全部都分配给臣下了。

群臣之一的庇尔狄迦斯，深感奇怪，便问亚历山大大帝："陛下带什么启程呢？"

对此，亚历山大回答说："我只有一个财宝，那就是'希望'。"

据说，庇尔狄迦斯听了这个回答以后说："那么，请允许我们也来分享它吧！"于是他谢绝了分配给他的财产，而且大臣中的许多人也效仿了他的做法。

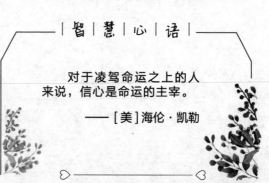

| 智 | 慧 | 心 | 语 |

对于凌驾命运之上的人来说，信心是命运的主宰。

——[美] 海伦·凯勒

户田城圣是创价学会的第二代会长，经常向青年人说："人生不能无希望，所有的人都是生活在希望当中的。假如真的有人是生活在无希望的人生当中，那么他只能是失败者。"

人难免会遇到些失败或障碍，于是有人便悲观失望，选择放弃；或在严酷的现实面前失掉活下去的勇气；或恨怨他人，结果落得个唉声叹气、牢骚满腹。其实，身处逆境而不丢掉希望的人，肯定会打开一条活路，在内心也会体会到真正的欢乐。

保持"希望"的人生是有力的。失掉"希望"的人生，则通向失败之路。"希望"是人生的力量，在心里一直抱着美"梦"的人是幸福的。也可以说抱有"希望"活下去，是只有人类才被赋予的特权。只有人，才由其自身产生出面向未来的希望之"光"，才能创造自己的人生。

在人生这个征途中，最重要的既不是财产，也不是地位，而是在自己胸中像火焰一般熊熊燃起的信念，即希望。因为那种毫不计较得失、为了巨大希望而活下去的人，肯定会生出勇气，肯定会激发巨大的激情，开始闪烁出洞察现实的睿智之光。

不念过往，改变你能改变的

　　几年前，一个重要人士要给南卡罗来纳州一个学院的全体学生做演讲，那个学院规模不大，整个礼堂坐满了翘首以待的学生，大家都对有机会聆听到这种大人物的演说兴奋不已。在经过州长简单介绍之后，演讲者走到麦克风前，眼光对着听众，由左向右扫视一次，然后开口道：

　　"我的生母是聋子，因此没有办法说话，我不知道自己的父亲是谁，也不知道他是否还在人间，我这辈子找到的第一份工作，是到棉花田去做事。"

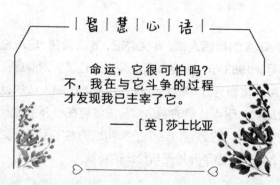

|智|慧|心|语|

命运，它很可怕吗？不，我在与它斗争的过程才发现我已主宰了它。

　　——［英］莎士比亚

　　台下的听众全都呆住了。

　　"如果情况不尽如人意，我们总可以想办法加以改变。"她继续说，"一个人的未来会怎么样，不是因为生下来的状况。"她轻轻地重复方才说过的，"如果情况不尽如人意，我们总可以想办法加以改变——这句话改变了我的一生。"

"一个人若想改变眼前充满不幸或无法尽如人意的情况，"她以坚定的语气往下说，"只要回答这个简单的问题：'我希望情况变成什么样？'然后全身心投入，采取行动，朝理想目标前进即可。"

接着她的脸上绽现出美丽的笑容："我的名字叫阿济·泰勒·摩尔顿，今天我以美国财政部长的身份，站在这里。"

对现状不满意，想改变—希望变成什么样—全身心投入—采取行动—朝理想目标前进即可。从棉花田里的女孩到美国财政部长就这样简单。

信心的力量超乎想象

迈克尔·乔丹，美国 NBA 的神话人物。6 次夺冠，6 次荣获 NBA 总决赛"最有价值球员"称号。1983 年，耐克公司在杂志上登了一则消息：出资 250 万美元购买 NBA 一位新秀 5 年的穿鞋权。乔丹的经纪人法尔克抓住了这个机会，并商谈成功。耐克公司的副总裁与法尔克在办公室里闲聊时，为新鞋想出了"空中飞人"的名字。这个拍案叫绝的名字不仅反映出新鞋的制作工艺和风格，而且突出了乔丹无与伦比的特质。

童年的乔丹就喜欢篮球，每天都和哥哥一起，在自家后院的简易篮球场练球、比赛。1982年，北卡罗来纳大学队与老牌劲旅乔治敦大学队进行了全美大学生篮球联赛冠、亚军决赛。那一夜，迈克尔·乔丹这个名字传遍全国。

那天晚上，新奥尔良"超顶"体育馆内坐了61000名观众。上半场，有些紧张的乔丹表现平平。下半场，乔丹

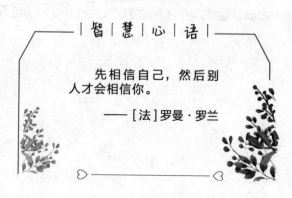

| 智 | 慧 | 心 | 语 |

先相信自己，然后别人才会相信你。

——[法]罗曼·罗兰

犹如苏醒的睡狮，成为全场的焦点。在北卡罗来纳大学队最后5个投中的球中，乔丹一人投中3个，还有两球是他从对方手上"偷"来的。在离比赛结束还剩32秒时，北卡队还落后一分，乔治敦大学队以密集的防守，将北卡罗来纳大学队堵在外围。教练决定将这个决定胜负的机会交给乔丹，在几番倒手后，乔丹面前出现一个空当，在离篮板几英尺的地方，乔丹果断地投出了手中的篮球，球像一道彩虹一样，越过对手的头顶，飞进了篮筐。

乔丹说："如果有一次你猝不及防地跳起投篮，结果球应声入网，那么你就能一直这样打下去。因为你有了信心，因为你成功过。"自从为北卡罗来纳大学队投入那制胜的一球后，乔丹就无所畏惧了，在此后的比赛中，乔丹从不畏惧投那种决定胜负的球。他经受住了每一次考验，凭着强烈的信心，闯过一道道关口，脱颖而出。

在一次与印第安纳步行者队争夺总决赛资格时，乔丹所在的公牛队一度形势危急，对方已摆出像城墙一样的防线，可是乔丹仍然奋不顾身地往里面冲，一次次地往人墙上撞，硬是闯出一条血路，上篮得分。他充分相信自己的能力："当我面临考验时，我不会瞻前顾后，我会做出决定，挺身而出。这就是大牌球星在危急关头表现非凡的原因所在，这不仅需要才气，而且需要勇气。大型比赛，比的就是素质和信心。"

乔丹最让人不可思议的、也是他最精彩的特技就是"空中飞人"。一名教练回忆道，有一次乔丹连续晃过对方 5 名球员后，将球灌进篮筐内。这 5 位选手可都是世界级的，但他们的拦截似乎根本不存在，乔丹如入无人之境，他可以将一个难度最大的进球变得轻松自如。

苦难磨炼出坚忍

曼克斯·卡勒兰德是美国佐治亚州一个汽车推销商的儿子。他活泼、健康，热衷于篮球、网球、垒球、游泳，是中学里一个众所周知的好学生。后来曼克斯应征入伍，在一次军事行动中他所在部队被派遣驻守一个山头，激战中，突然一颗手榴弹落入他们的阵地，眼看即将爆炸，他果断地扑向手榴弹，试图将它扔离。可是手榴弹爆炸了，他被重重地炸倒在地上，当他向后看时，发现自己的右腿、右手全部被炸掉了，左腿被炸得血肉模糊，也必须截肢。他痛苦得想哭，却哭不出来，因为弹片穿过了他的喉咙。人们都以为曼克斯没有生还希望了，但他却奇迹般地活了下来。

是什么力量支撑着他？是格言的力量。

在生命垂危的时候，他反复朗读贤人先哲的这句格言："如果你懂得苦难磨炼出坚忍，坚忍孕育出骨气，骨气萌发不懈的希望，那么苦难会最终给你带来幸福。"曼克斯一次又一次背诵着这段话，心中始终保持着不灭的希望。然而，对于一个三截肢（双腿、右臂）的年轻人来说，这个打击实在是太大了。在深深的绝望中，他友回忆起一句格言："当你被命运击倒在最底层之后，能再高高跃起就是成功。"

回国后，他从事了政治活动。他先在佐治亚州议会中工作了两届。然后，他竞选副州长失败，这又是一次沉重的打击。但他用这样一句格言鼓励自己："经验不等于经历，经验是一个人经过经历所获得的

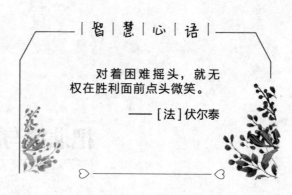

| 智 | 慧 | 心 | 语 |

对着困难摇头，就无权在胜利面前点头微笑。

—— [法]伏尔泰

感受。"这指导他更自觉地去生活。紧接着，他学会了驾驶一辆特制的汽车，并跑遍全国，发动了一场支持退役军人的事业。1977 年，卡特总统命他担任全国退役军人委员会负责人，那时他 34 岁，是在这个机构中担任此职务的最年轻的人。卡特下台后，曼克斯回到家乡佐治亚州。

1982 年，他被选为州议会部长，1986 年再次出任。

今天，曼克斯已成为亚特兰大城的一个传奇式人物。人们经常在篮球场上看到他摇着轮椅打篮球。他还经常邀请年轻人与他做投篮比赛。他曾经用左手（只有左手）一连投进了 18 只空心篮（不碰篮板和篮圈的进球）。

人生不会给无腿独臂的人丝毫同情和厚爱。他引用一句格言说："然而你必须知道，人们是以你自己看待自己的方式来看你的。你对自己自怜，人家则会报以怜悯；你充满自信，人们会待以敬畏；你自暴自弃，多数人就会嗤之以鼻。"

把悲痛与怨恨留在身后

纳尔逊·曼德拉，南非前总统，也是南非第一位黑人总统。

1991 年，曼德拉出狱，以绝对优势当选了南非总统，他在就职典礼上的举动震惊了世界。在总统的就职仪式上，曼德拉起身致辞，欢迎他的来宾。在介绍了来自世界各国的政要后，他说令他最高兴的，是当初看守他的 3 名前狱方人员也能到场。他邀请他们站起身，以便能介绍给大家。

曼德拉博大的胸襟和宽容的精神，让南非那些残酷虐待了他 20 多年的白人汗颜，也让所有到场的人肃然起敬。看着年迈的曼德拉缓缓站起身来，恭敬地向 3 个曾关押他的看守致敬，在场的所有来宾以至整个世界都静下来了。在其执政期间，曼德拉以其博大的胸襟对待白人，民族平等终于在曼德拉时代实现了。

当时关押他的监狱位于罗本岛，在南非开普敦西北方向一个环境恶劣的岛上。曼德拉被

| 智 | 慧 | 心 | 语 |

在人生的道路上，谁都会遇到困难和挫折，就看你能不能战胜它。战胜了，你就是英雄，就是生活的强者。

—— 张海迪

关在总集中营一个锌皮房里，他每天早晨排队到采石场，然后被解开脚镣，下到一个很大的石灰石田里，用尖镐和铁锹挖掘石灰石。有时，还要从冰冷的海水里捞取海带。因为曼德拉是要犯，所以就是在总统就职典礼上的那3名看守看押他。

曼德拉后来向朋友们解释说，自己年轻时性子很急，脾气暴躁，正是在狱中学会了控制情绪才活了下来。20多年的牢狱岁月给了他时间与激励，让他学会了如何处理自己遭遇苦难的痛苦。曼德拉说："感恩与宽容经常是源自痛苦与磨难的，必须以极大的毅力来训练。当我走出囚室、迈过通往自由的监狱大门时，我已经清楚，自己若不能把悲痛与怨恨留在身后，那么我其实仍在狱中。"

南非的民权斗士曼德拉，因为领导反对白人种族隔离政策运动而入狱，一关就是27年。也正是这20多年的牢狱生活，让曼德拉变得宽容，能以德报怨，赢得南非人民的信任。

抓住今天

1871年春天，一个年轻人拿起了一本书，看到了对他前途有莫大影响的一句话——抓住今天。他是蒙特瑞综合医科学院学生，他的生活中充满了忧虑，担心不能通过期末考试，担心毕业后怎样才能就业，怎样才能

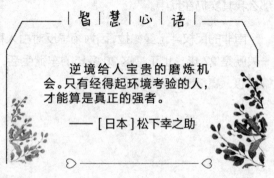

过活。

这一句话，使这个年轻的医生度过了卓有成效而又无忧无虑的一生：他成为他那一代最有名的医学家，创建了全世界知名的约翰·霍普金斯学院，成为牛津大学医学院的客座教授，还被英国国王册封为爵士。他死后，需要两大卷书——多达 1460 页的篇幅，才能记述他的一生。

他的名字叫威廉·奥斯勒。

40 年之后的一天，威廉·奥斯勒爵士对耶鲁大学的学生发表了演讲，他对学生们说，人们说他有"特殊的头脑"，其实不然，他说他的一些好朋友都知道，他的脑筋其实"最普通不过了"。

那么他成功的秘诀是什么呢？他认为完全是因为受那句话的影响，让他学会了活在所谓"一个完全独立的今天里"。他说，在他来耶鲁演讲的路上，他乘着一艘很大的船横渡大西洋，他看见船长站在舵房里按下一个按钮，只听见一阵机械运转的声音，船的几个部分就立刻彼此隔绝开来——隔成几个完全防水的隔舱。

| 智 | 慧 | 心 | 语 |

逆境给人宝贵的磨炼机会。只有经得起环境考验的人，才能算是真正的强者。

——[日本] 松下幸之助

"你们每一个人，"奥斯勒爵士对那些耶鲁的学生们说："组织都要比那条大邮轮精美得多，所要走的航程也要远得多，我要劝告各位的是，你们也要学着控制一切，而活在一个'完全独立的今天'里面才是航程中确保安全的最好的方法。按下按钮，隔断那些尚未到来的明天和已经过去的昨天，然后就保险了——你拥有的只是今天，人类得到救赎的日子就是现在，养成一个好习惯，生活在完全独立的今天里。为明日准备的最好办法，就是要集中你所有的智能、所有的热诚，把今天的工作做得尽善尽美。这就是你能应付未来的唯一方法。"

"这个人很快乐，也只有他能快乐，因为他能把今天称为自己的一天；

他在今天里能感到安全，能够说：不管明天怎么糟，我已经过了今天。"

"这几句话听起来很现代，可是却是在基督降生的 30 年前所写的，作者是古罗马诗人何瑞斯。我知道人性中最可怜的一件事就是，我们都梦想着天边的一座奇妙的玫瑰园，而不去欣赏今天就开放在我们窗口的玫瑰。"

"小孩子说：'等我是个大孩子的时候'，可是又怎样呢？大孩子说：'等我长大成人之后'，然后等他长大成人了，他又说'等我结婚之后'，可是结了婚，他又回头看看他所经历过的一切，似有一阵冷风吹过来。不知怎的，他把所有的都错过了，而一切又一去不再回头。我们总是无法及早学会：最重要的就是不要去看远方模糊的，而要做手边清楚的事。"

好莱坞硬汉的一步步蜕变

阿诺德·施瓦辛格，好莱坞巨星，创造了银幕上永远不倒的英雄神话。曾经被美国总统老布什任命为国家健康顾问委员会主席。老布什总统还为施瓦辛格颁发"国民领袖奖"，以表彰他热心公益事业。

出生于奥地利的施瓦辛格，幼年时就个头儿高，但体质并不好。在父亲的引导下，他开始从事多种体育训练。在训练中，施瓦辛格发现自己最适合做的就是健美运动，便给自己定下了一个宏远的目标：长大以后，一定要做美国乃至世界的健美先生。有了目标、理想后，他便开始为此而努力。施瓦辛格经常利用零花钱搜集一些美国健身杂志，甚至一边上学，一边做"童工"，只为赚钱来买各种健身器材。在当年的奥地利，健身不但不被人们看好，还被视为不文明的行为，因此父母强烈反对施瓦辛格的做法。有一段时间，父亲还把他关进一个小阁楼里，以阻止他去练健美。但他还是寻找各种机会努力训练，为自己的理想而奋斗。

18 岁时，美国国际健美先生选拔赛即将开始，施瓦辛格决定去参加比赛。他异常坚决的态度使父亲不得不答应了他。这次比赛，施瓦辛格的努力终于有了结果，他获得了欧洲青年健美冠军。此后又陆续获得"欧洲先生""宇宙先生"的称号。施瓦辛格向往

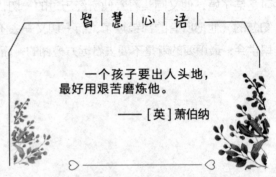

| 智 | 慧 | 心 | 语 |

一个孩子要出人头地，
最好用艰苦磨炼他。

——［英］萧伯纳

新奇、紧张、刺激、不断进取、不断追求的生活，他信奉"只要努力就会成功"的人生信条。

20 世纪 70 年代，他来到美国好莱坞，决心向演艺圈发展。要知道，施瓦辛格从来没有学过表演。他开始学习各种技巧，并且把健美中的造型与动作运用到表演之中。功夫不负有心人，施瓦辛格在演艺界获得了成功。

20 世纪 80 年代，施瓦辛格主演了一部耗资千万的电影《霸王神剑》，此后又塑造了一系列百战百胜、英勇无敌的"大力神""金刚"等银幕英雄形象。施瓦辛格不满足于只做个动作巨星，他觉得自己也能演喜剧，但他的公司不肯。施瓦辛格毫不气馁，继续游说，终于主演了《龙兄鼠弟》这部 1989 年暑期全美最卖座的电影，让他成功地向电影表演艺术家迈出了关键的一步。

2003 年，动作巨星施瓦辛格当选美国加州州长，尽管不少人对他的从政能力表示怀疑，但他还是成功当选了，实现了人生的另一个目标。这一切的到来，正如施瓦辛格所写的："生命本身就是一连串的目标。没有目

标的生命，就像没有船长的船，这船永远只在海中漂泊，永远不会到达彼岸。"

百分之一百五的努力

卡罗斯·桑塔纳是一位世界级的吉他大师，他出生在墨西哥，7岁的时候随父母移居美国。由于英语太差，桑塔纳在学校的功课一团糟。有一天，他的美术老师克努森把他叫到办公室，说："桑塔纳，我翻看了一下你来美国以后的各科成绩，除了'及格'就是'不及格'，真是太糟了。但是你的美术成绩却有很多'优'，我看得出你有绘画的天分，而且我还看得出你是个音乐天才。如果你想成为艺术家，那么我可以带你到旧金山的美术学院去参观，这样你就能知道你所面临的挑战了。"

几天以后，克努森便真的把全班同学都带到旧金山美术学院参观。在那里，桑塔纳亲眼看到了别人是如何作画的，深切地感受到自己与他们的巨大差距。克努森

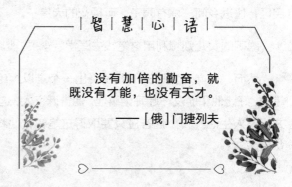

智 | 慧 | 心 | 语

没有加倍的勤奋，就
既没有才能，也没有天才。

——[俄]门捷列夫

先生告诉他说："心不在焉、不求进取的人根本进不了这里。你应该拿出百分之一百五的努力，不管你做什么或想做什么都得这样。"克努森的这句话对桑塔纳影响至深，并成为他的座右铭。2000 年，桑塔纳以《超自然》专辑一举获得了 8 项格莱美音乐大奖。

不懈地努力是通向成功的必由之路。成功等于百分之一百五的努力。卡罗斯·桑塔纳便是用这样的座右铭激励着自己，不断努力，最终成为一位世界级的吉他大师的。

流泪没用，只会显得很"low"

一个家住曼哈顿的非裔美国家庭，从他们父亲的人寿保险中获得了 1 万美元的意外之财。母亲认为这笔遗产是个大好机会，可以让全家搬离贫民区，住进乡间一栋有园子、可种花的大房子。

聪明的女儿则想利用这笔钱去医学院念书，以实现她当医生的梦想。

然而，一向老实巴交的儿子提出一个难以拒绝的要求。他乞求获得这笔钱，好让他和朋友一起开创事业。他告诉家人，这笔钱可以使他功成名就，并让家人生活好转。他答应只要取得这笔钱，他将补偿家人多年来忍受的贫困。

母亲虽然有些担心，但还是把钱交给了儿子。她觉得儿子从来没有过这样的机会，应该给他一次这样的机会。

结果呢，儿子所谓的朋友将钱骗到手后，便逃之夭夭老师。

失望的儿子悲痛万分，可又无计可施，只得实话实说，告诉家人事情的经过，美好生活的梦想也成为泡影。

这个不幸的消息使女儿愤怒万分，她认为兄长犯下了不可饶恕的罪过，粉碎了她上医学院读书的梦想，也粉碎了全家人的梦想，她用各种难听的话责备兄长，对没出息的兄长生出无限的鄙视。

当女儿责骂得累了，终于住口时，一直没有开口的母亲抬起头，对女儿说："我曾叫你爱他。"

女儿不屑地说："爱他？他没有可爱之处。"

母亲平静地望了女儿一眼，显得有些不以为然。她轻轻地说："总有可爱之处。你若不学会这一点，就等于什么也没学会。"

女儿看了看母亲，不再吭声。

母亲叹了一口气，继续说："你为他掉过泪吗？我不是说为了一家人失去了那笔钱，而是为了他，为他所经历的一切及他的遭遇。"

这样的话从母亲的口里说出，让一向认为母亲没文化的女儿感到有点儿吃惊。

"孩子，你认为什么时候最应该去爱人？难道说当他们把事情都做好了，让人感到舒畅

| 智 | 慧 | 心 | 语 |

苦难是人生的老师。

——[法]巴尔扎克

和为之骄傲的时候？"母亲盯着女儿的眼睛，以不容置疑的语调说："若是那样，你还没有学会，因为那时候的爱并不是真正的爱。"

"我明白了，妈妈。"女儿已经泪流满面："真正的爱应当出现在他最消沉，不再信任自己，受尽环境折磨的时候。"

"孩子，经历了这一遭，你终于改变了人生态度，现在这个样子，才像一个长大的人。未来的路，我就可以放心地让你走了。"

说完，母亲张开了双臂，女儿扑进了她的怀里。流着眼泪的儿子也走了过来，三个人紧紧地抱在了一起。

"哥，原谅我。"女儿说，"妈妈说得对，这个时候，我应更加爱你才是！不是装出来的那种爱，而是发自内心的真爱。"

儿子泪流满面，说不出话来。

母亲放开他们，说："行了，一个大男人的可爱之处可不体现在眼泪上。"

儿子记住了这句话，5年后，他成了曼哈顿有名的富人 10年后，他成为美国赫赫有名的家电用品推销商。克林顿执政期间，他获得过总统亲自颁发的"美国十大杰出人士"奖，包括哈佛大学在内的世界知名学府纷纷请他前去讲学。他给大学生讲的主题总是不变，那就是"学会爱人"。在演讲中，他喜欢重复母亲说过的话："一个大男人的可爱之处可不体现在眼泪上。"

他的名字叫汉德林。

他的妹妹叫尼娜，也早已实现了当一名医生的梦想。

这个从黑人贫民区搬进白人富人区的幸福家庭，一向勤俭的母亲仍然做着自己的传统手工，她不愿意花儿女孝敬她的钱。

当美国《国家地理》电视专题片著名节目主持人盖斯先生问她为什么这样做时，这位满脸皱纹而又可敬的母亲平淡地说："我一向主张学会爱人，当然也包括爱我自己。我现在能走能动，自己能够养活自己，干吗要依靠儿女们呢？"

每天一小时

世界织布业的巨头之一威尔福莱特·康，在为事业奋斗了大半辈子、别人都以为他已功成名就时，却总感觉到自己生活中缺了点儿什么东西似的，他想起了自己儿时的梦想——画画。

小时候，他梦想成为一名画家，但由于种种原因，他已经数十年未拿起画笔了。现在去学画画还来得及吗？能抽出时间吗？思前想后，他决心要圆这个梦想，他计划每天抽出一个小时来安心画画。

威尔福莱特·康是个有毅力的人，他真的坚持了下来，多年以后，他在画画上也得到了不菲的回报——多次成功举办个人画展，他的油画十分招人喜爱。威尔福莱特·康在谈起自己的成功时说："过去我很想画画，但从未学过油画，我不敢奢望自己花了力气会有很大的收获。记得富兰克林·费尔德说过这么一句话：'成功与失败的分水岭可以用这几个字来表达——我没有时间。'当我决定学油画时，我想我应该能做到每天抽一小时来画画。"

作为一个大企业的负责人，要做到这一点是很不容易的。威尔福莱特·康为了保证这一小时不受干扰，唯一的办法就是每天早晨5点前就起床，一直画到吃早饭。威尔福莱特·康后来回忆说："其实那并不算苦，一旦我决定每天在这一小时里学画，每天清晨这个时候，渴望和追求就会把我唤醒，怎么也不想再睡了。"

他把楼顶改为画室，几年来从未放过早晨的这一小时，而时间给他

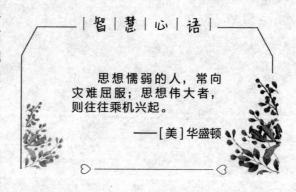

的报酬也是惊人的。他的油画大量在画展上出现，他还举办了多次个人画展，其中有几百幅画以高价被买走了。他把这一小时作画所得的全部收入变为奖学金，专供给那些搞艺术的优秀学生。

"捐赠这点儿钱算不了什么，只是我的一半收获；从画画中我所获得的启迪和愉悦才是我最大的收获！"

每个人每天都有同样多的时间，成功人士的秘诀就在于总能为自己"挤出"所需要的时间，平庸之辈则总"没有"时间。

"心"要先到

布勃卡是举世闻名的奥运会撑竿跳冠军，享有"撑竿跳沙皇"的美誉。他曾 35 次创造撑竿跳的世界纪录，并且他所保持的两项世界纪录迄今为止还没人能够打破。

有一次，他接受由总统亲自授予的国家勋章，在隆重而热烈的授勋典礼上，记者们纷纷向他提问："你成功的秘诀是什么？"

布勃卡微笑着回答："很简单。就是在每一次起跳前，我都会先将自己的心'摔'过横杆。"

原来，作为一名撑竿跳选手，他曾经也有过一段艰难的时光，尽管自己不断地尝试冲击新的高度，但每一次都以失败告终。那些日子里，他苦恼过、沮丧过，甚至怀疑过自己的潜力。

有一天，来到训练场。他禁不住摇头叹息，对教练说："我实在跳不过去。"

教练平静地问："你心里是怎么想的？"

布勃卡如实回答："我只要一踏上起跳线，看清那根高悬的标杆时，心里就害怕。"

突然，教练一声大喝："布勃卡，你现在要做的就是闭上眼睛，先把你的心从横杆上'摔'过去！"

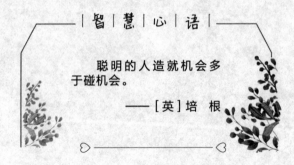

|智|慧|心|语|

聪明的人造就机会多于碰机会。

——［英］培 根

教练的厉声训斥，让布勃卡如梦初醒。

遵从教练的命令，他重新撑起起跳竿又试跳了一次。这一次，他果然顺利地跃身而过。

于是，一项新的世界纪录又刷新了，他再一次超越了自我。

教练欣慰地笑了，语重心长地对布勃卡说："记住吧，先将你的心从杆上'摔'过去，你的身体就一定会跟着一跃而过。"

著名的心理学大师卡内基经常提醒自己的一句箴言就是：我想赢，我一定能赢，结果我又赢了。

坚持自己的方向，勇往直前不转弯

当今世界，几乎没有人不知道米老鼠和唐老鸭，以及它们的创造者沃尔特·迪斯尼。可是很少有人知道，这个世界顶级的漫画大师，这个曾以自己创造的米老鼠和唐老鸭迷倒全世界的伟大画家，这个一人独获27项奥斯卡大奖的娱乐大王，在其童年的时候，竟因充满丰富想象力的绘画而遭毒打。少年时代，他竟被人认为是一个非常缺乏绘画能力的人……

迪斯尼在上学的时候，就对绘画和描写冒险生涯的小说特别入迷，并很快就读完了马克·吐温的《汤姆·索亚历险记》等探险小说。一次，老师布置了绘画作业，小迪斯尼就充分发挥自己的想象力，把一盆的花朵都画成了人脸，把叶子画成人手，并且每朵花都以各自表情来表现着自己的个性。对于一个孩子来说，这本应该是一件非常值得肯定的事，然而，无知的老师根本就不理解孩子心灵中的那个美妙的世界，竟然认为小迪斯尼这是胡闹，说："花儿就是花儿，怎么能有人形？不会画画，就不要乱画！"并当众把他的作品撕得粉碎。

小迪斯尼辩解说："在我的心里，这些花儿确实是有生命的啊，有时我能听到风中的花朵在向我问好。"老师感到非常气愤，更加严厉地训斥了他，并告诫他以后不许乱画。

委屈的小迪斯尼闷闷不乐地回到家，父亲知道后告诉他说："不能主宰自己的人，终生都是一个奴隶。"值得庆幸的是，小迪斯尼听进去而且记住了这句话。

第一次世界大战美国参战后，迪斯尼不顾父母的反对，报名当了一名志愿兵，在军中做了一名汽车驾驶员。闲暇的时候，他就创作一些漫画作品寄给国内的一些幽默杂志，他的作品竟然无一例外被退了回来，理由就是作品太平庸，作者缺乏才气和灵性。

战争结束后，迪斯尼拒绝了父亲要他到自己有些股份的冷冻厂工作的要求，他要去实现自己童年时就立誓要实现的画家梦。他来到了堪萨斯市，拿着自己的作品四处求职，经过一

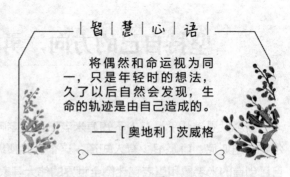

| 智 | 慧 | 心 | 语 |

将偶然和命运视为同一，只是年轻时的想法，久了以后自然会发现，生命的轨迹是由自己造成的。

——[奥地利]茨威格

次又一次的碰壁之后，终于在一家广告公司找到了一份工作。然而，他只干了一个月就被辞退了，理由仍是"非常缺乏绘画能力"。

1923年10月，沃尔特·迪斯尼终于和哥哥罗伊在好莱坞一家房地产公司后院的一个废弃的仓库里，正式成立了属于自己的"迪斯尼兄弟公司"。不久，公司更名为"沃尔特·迪斯尼公司"。虽然历经坎坷，但他创造的米老鼠和唐老鸭几年后便享誉全世界，并为他获得了27项奥斯卡金像奖，使他成为世界上获得该奖最多的人。

沃尔特说，父亲当年鼓励他那句话是歌德的名言：谁要是游戏人生，他就一事无成；谁不能主宰自己，就永远是一个奴隶。

"如果因为别人的批评就轻易改变自己的航向，是永远到不了理想的彼岸的。"沃尔特如此总结。

成功与贫穷无关

伊尔·布拉格是美国历史上第一位荣获普利策新闻奖的黑人记者。他勇敢、勤奋，功绩卓越，创造了美国新闻史上的一个奇迹。

他在回忆自己童年经历时说："我们家很穷，父母都靠卖苦力为生。那时，我父亲是一名水手，他每年都要往返于大西洋各个港口之间。我一直认为，像我们这样地位卑微的黑人是不可能有什么出息的，也许一生都会像父亲所工作的船只一样，漂泊不定。"

伊尔·布拉格9岁那年的一天，父亲带他去参观凡·高的故居。在那张著名的吱嘎作响的小木床和那双龟裂的皮鞋面前，布拉格好奇地问父亲："凡·高是世界上最著名的大画家，他不是百万富翁吗？"父亲回答他："凡·高是个连妻子都娶不上的穷人。"

又一年，父亲带着布拉格去了丹麦，在童话大师安徒生的墙壁斑驳的故居前，布拉格困惑地问："安徒生不是

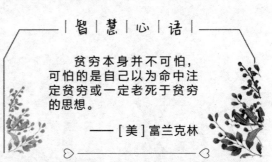

｜智｜慧｜心｜语｜

贫穷本身并不可怕，可怕的是自己以为命中注定贫穷或一定老死于贫穷的思想。

——［美］富兰克林

生活在皇宫里吗？"父亲答道："安徒生是个鞋匠的儿子，他生前就住在这栋破阁楼里。皇宫只在他的童话里才出现。"

从此，布拉格的人生完全改变了。他说："我庆幸有位好父亲，他让我认识了凡·高和安徒生，借这两位伟大艺术家的经历来告诉我：人能否成功与贫穷无关，只与自己是否努力奋斗有关。"

遭受挫折好过庸碌一生

大咖故事会

著名熟食品加工公司总裁田中光夫曾经在东京的一所中学当校工，尽管周薪只有50日元，但他非常热爱这份工作。然而，新上任的校长却以他"连字都不认识，却在校园里工作"为由，将临近退休的他从学校辞退了。

对学校有着深厚感情的田中光夫恋恋不舍地离开了，回家的途中他想买些香肠作为自己的晚餐。当他走到山田太太的食品店前，忽然想起山田太太已经去世一段时间了，食品店也关门很久了。更糟的是，这个街区附近根本没有第二家卖香肠的食品店。

原本郁郁寡欢的田中光夫忽然灵光乍现，他想到为什么自己不能开一家专门经营香肠的小店呢？主意已定，他立刻拿出自己积攒多年的存款，将山田太太的食品店改装为一家专营香肠的食品店。

多年后，被学校辞退的田中光夫变成了一位熟食品加工公司的总裁。而他所经营的香肠连锁店已经遍布东京的大街小巷，成了产、供、销"一条龙"的连锁企业。

当那位校长得知田中光夫就是那个被自己辞退的校工时，不无感慨地说："田中光夫先生，没有受过任何正规学校教育的您，竟然可以拥有如此庞大的事业，真是令人佩服！"田中光夫由衷地对校长说："校长先生，我要感谢您！如果您当初没有辞退我，我就不会意识到自己还能干这么多的事情。或许，到现在我还是一位周薪50日元的校工呢。"

　　人生角色的大转变，往往发生在人生的沉浮起落间。困难是我们人生的启蒙老师，引领我们通过苦难，走向欢乐的终点。在我们人生的漫漫路途中，任何人都逃避不了风雨的洗礼。被辞退的田中光夫也曾彷徨、犹豫和失落过，但他并没有向命运妥协，而是选择了自主创业。挫折也许使他放弃了稳定的工作、平静的生活，但却帮他建筑了自己梦想中的食品王国。

　　没有辛勤的播撒，怎么会有丰收的喜悦；没有汗水的挥洒，怎么会有高楼的林立；没有磨难的锤炼，怎么会有成功的辉煌。让我们坚信：那些曾经给我们造成伤害的艰难险阻，终有一天会成为铺平我们前进道路的青石板。挫折，令我们成为生活的强者，成就最后的成功！

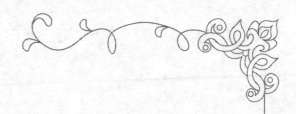

PART 05

生命平凡，命运非凡

生活是一面镜子，你对它哭，它就哭，你对它笑，它就笑。所以说，人生中所谓的宿命其实是我们自己决定的。要想得到一个成功的人生，就要掌控好人生的掌舵手——心态。我们强调积极心态的重要性，并不是否定实力的重要性。实力是成功与否的内因，而心态则是重要的外因。我们在一项任务刚开始时的心态决定了最后有多大的成功，这比任何其他外因都重要。如果上帝对你关上了一扇门，他一定会在另一处为你打开一扇窗。积极地把握好自己的心态，你才能成功地把握好自己的人生。

富贵本无根，尽从勤中得。
——[明] 冯梦龙

以梦为马，未来可期

勒梦德·科偌克，美国麦当劳连锁店创始人。1984 年 1 月 14 日，82 岁的勒梦德去世时，麦当劳已经成为世界上最大的快餐连锁企业。

勒梦德为什么能把事业做得如此之大？我们还要从头说起。

勒梦德·科偌克自小丧父，由母亲抚养成人。第一次世界大战爆发时，勒梦德·科偌克离开了学校，14 岁的他开始自己谋生。勒梦德·科偌克先在芝加哥找了一份推销男士服饰用品的工作，但并没有干多长时间。之后，他在密歇根一个非常受欢迎的管弦乐队担任钢琴师。第一次世界大战结束后，他还做过芝加哥广播电台的乐队指挥，组织过喜剧演唱组，还曾经是著名的阿莫斯·N. 安迪乐团的成员。但这些都不是勒梦德理想的工作，他认为这样的工作赚钱太慢。

1922 年，勒梦德·科偌克在百合—郁金香纸杯公司找到了一份"可以快速赚钱"的销售工作。销售工作很辛苦，十分不易，但勒梦德的第六感告诉他，要克服对新产品的抵触心理，纸杯市场蕴藏着丰厚的利润。

他还鼓励自己说："梦想渺小，人也将永远渺小，我可不打算这样度过我的一生。"这段时间，勒梦德为自己制定了一个时间表：早晨 7 点，拿样品在芝加哥的街头寻找订单；下午 5 点左右，在芝加哥广播电台制作直播的音乐节目，因为他兼作电台的钢琴师，直到凌晨 2 点。他唯一的目的就是赚钱，通过赚钱来体现自己的人生价值。

此后，勒梦德还推销过地皮，推销过有六分叉的"多叉搅拌器"。他的多叉搅拌器销售得很好，曾经创下一年售出 8 000 多台的纪录。1954 年，勒梦德 57 岁了。在洛杉矶以东 50 千米的圣伯纳狄诺市，一家快餐厅的汉堡让他的眼睛发亮。

他知道，他终于找到了他要的东西了。这家名叫"麦当劳"的快餐厅由一对犹太人兄弟麦克和迪克开设。麦克兄弟的汉堡包餐厅效率至上，服务快捷，没有浪费，干净整齐，不用

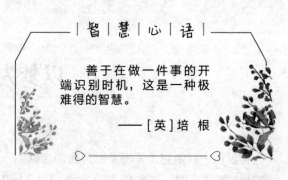

|智|慧|心|语|

善于在做一件事的开端识别时机，这是一种极难得的智慧。

——[英]培 根

碗盘，顾客只需付上 15 美分，等上 15 秒，便可买到一份已经配好标准调味料的标准汉堡包。这太让勒梦德动心了，他决定购买推销麦当劳餐厅的经销权。麦克兄弟的条件相当苛刻，但勒梦德毫不犹豫地接受了。

1955 年 3 月 2 日，勒梦德创办了麦当劳连锁公司。4 月 15 日，他的第一家麦当劳快餐店在伊利诺依州的得西普鲁斯城开张。到 1960 年，勒梦德已经拥有 228 家麦当劳餐馆，其营业额达 3 780 万美元。1961 年年初，勒梦德以 270 万美元的代价从麦克兄弟手中把餐厅的商标、版权、模式、金色拱门和麦兰劳名称统统归到自己名下。而勒梦德的成功也使他跻身"世界十大成功商人"之列，获得无上尊敬。从此以后，勒梦德将金色的麦当劳旋风般刮向全美国，刮向全世界。

细节是成功的基石

  岩崎弥太郎（1834—1885），日本明治前期著名的企业家，日本三菱重工的创立者。在他的领导下，三菱奠定了雄厚的经济基础，成为"海上霸王"，其业务范围扩大至汇兑业、煤矿业、海上保险业、仓储业等。经过百十年的发展，在今天的日本，三菱是6大企业集团的魁首，被称为日本"最强最大的企业军团"。

  三菱工业的发展，得益于如此注重细节的管理。岩崎弥太郎在历经千辛万苦，使三菱成为日本最有实力的公司后，他便将更多的注意力转向了企业的管理。在偌大的公司，岩崎弥太郎尤其注重抓小事，从一切细节入手，把握全局。

  一次，岩崎弥太郎把一位高级干部叫到他的私人住所去，交给他一张用公司的便条纸写的请假单，大声斥责他说："你到底在干什么？"那位高级干部突然遭到严厉的斥责，完全不知

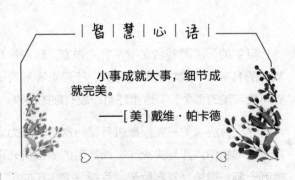

| 智 | 慧 | 心 | 语 |

小事成就大事，细节成就完美。

——[美]戴维·帕卡德

所措，仔细看过字条后，发现是自己前几天所写的一张请假单，而这张请假单是用公司的便条纸写的。这时，岩崎弥太郎的语气更为严厉，他说："你身为公司的高级干部，却无法公私分明，浪费公司的便条纸写私人的请假理由，为什么？我要严厉处分你！"岩崎弥太郎对这位高级干部的处罚是：减薪一年。这位干部自己也知道犯了大错，立刻向岩崎弥太郎道歉，心甘情愿地接受了处罚，此后的工作态度变得更积极。

这件事传出后，公司里有人不太理解，觉得只因用了一张公司的便条纸，就要接受减薪一年的处分，有点儿小题大做了。而岩崎弥太郎说："一张小便条的浪费，可能就是公司经营危机的开始。凡事不从细节处入手，就不会有公司的今天，我提出公司的管理要节俭，就要从这一张纸开始。"

选择最可能实现的那个目标

贝尔纳，法国著名文学家、剧作家，代表作有《蚂蚁》。贝尔纳有句精辟的名言："成功的最佳目标，不是选择最有价值的那个，而是选择最有可能实现的那个。"这里还有一段有趣的故事：

一次，法国的一家报纸进行了一次有奖智力竞赛，题目是：如果法国最大的博物馆卢浮宫失火了，而当时的情况只允许你抢救出一幅画，你会抢哪一幅？很快，答案就像雪片般飞来。在成千上万份答卷中，贝尔纳的回答是："我抢离出口最近的那幅画。"

最佳答案被评委们授予了贝尔纳。答案一经公布，人们才恍然大悟。卢浮宫里的画都价值连城，而靠近出口的，往往不是最珍贵的。但是在失火的时候，如果有人冲进卢浮宫里寻找

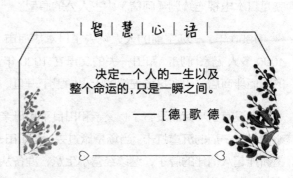

| 智 | 慧 | 心 | 语 |

决定一个人的一生以及整个命运的，只是一瞬之间。

——［德］歌 德

最珍贵的画，那么他极有可能会葬身火海，到时候不仅取不出任何一幅画，还有可能赔上自己的性命。而贝尔纳的做法，无疑是最有智慧的，他在保全了自己的前提下，获取了最有可能实现的目标。

生命不息，奋斗不止

和田一夫将一家乡下蔬菜店，建设成为在世界各地拥有 400 家百货店和超市，鼎盛期年销售总额突破 5000 亿日元的国际流通集团，旗下多家公司的股票在日本、新加坡、马来西亚等国上市，创造了八佰伴的神话。1997 年，因经营不善宣布破产。

人们常将和田一夫称作"阿信的儿子"，因为和田一夫的母亲和田加津，就是日本电视连续剧《阿信》中主人公的原型。

1950年，一场空前的大火烧去了日本热海市1000多间店铺和民房，4000多人无家可归。和田一夫的父母在1930年创建、合力经营了20年的八佰伴商店，也在这场无情的大火中毁于一旦。

家没有了！商店没有了！父亲和田良平和母亲和田加津无法承受20年心血付之一炬的沉重打击，当场晕厥过去。而和田一夫却在灾难的第二天，重新挂起八佰伴的牌子，继续经营小生意，准备从零开始！

由于八佰伴的信用与和田一夫的努力，八佰伴重新开张后获得了很好的利润。但因为当时的买卖多有赊账，因此经营依然陷入困境。这时，母亲和田加津得到一条信息：一位住在

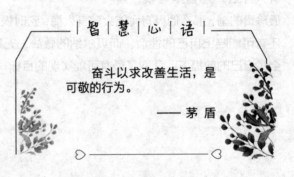

| 智 | 慧 | 心 | 语 |

奋斗以求改善生活，是
可敬的行为。

——茅盾

郡山市的红丸商店实行现款交易，从不赊账；所有货品都以最低的价格出售，结果生意兴隆。

全家人来到红丸商店进行考察，之后一致决定停止赊账，实行现款买卖，这也正符合和田一夫早先的打算。

1955年，八佰伴正式实行现款交易和低价出售的新举措。由于事先做了宣传，还没开门，八佰伴门前就被堵得人山人海。一开门，顾客便蜂拥而进抢购商品，店员简直是应接不暇，两部收银机没有一刻停歇。

此后，八佰伴真正成为远近闻名的价廉物美商店，而且无论外界情况怎样变化，八佰伴也坚决不涨价。

和田一夫正式接管八佰伴后，决定走向海外发展的路子，把目光放在了巴西。当时巴西正处于经济发展期，有充分的发展空间。在巴西的八佰

伴首家百货公司开张时，和田一夫带领全体职员站在店门口，一边频频鞠躬，一边不停地说："欢迎光临，请多关照。"顾客如潮水般涌进商场，不到一小时，客流量已超过 1 万人。

在巴西开设分店成功后，和田一夫决定加大海外投资的力度，他的国际化最明确的构想就是"环太平洋连锁化"。到了 1985 年，"上海第一八佰伴"在浦东开业，开业当天一共接待了 107 万名顾客，这不仅创造了八佰伴集团的一个新纪录，而且创造了一项吉尼斯世界纪录。

与此同时，和田一夫在日本的分店数增至 588 家，其中"新世纪半田"一次投资就高达 75 亿美元，而八佰伴集团在日本总收益才 900 多万美元。如此不合比例的投资，一时间被日本同行引为笑谈。

和田一夫扩张的速度越来越快，结果犯了欲速则不达的经营大忌。他不惜负债求发展，使集团潜伏下巨大的危机。由于过度扩张和市场定位不准，终于在 1994 年兵败北京。1995 年，上海新世纪商厦陷入严重危机……八佰伴的经营开始极度恶化，债台高筑，欠下 13 亿美元的巨额债务，公司不得不宣告破产。

一夜之间，和田一夫变成一个连累八佰伴股东和员工的罪人。在经历了最初的痛苦、伤心、绝望之后，他在书本之中寻找慰藉。

和田一夫说，在八佰伴宣布倒闭以后，他就捧着《邓小平传》读了好几遍。"邓小平最后一次从失败中站起来时是 74 岁。之后他提倡改革开放，留下丰功伟业。我才 68 岁，我深信还有机会东山再起。"

1998 年，70 岁的和田一夫设立经营顾问公司，决心将自己的经营经验和教训传授给年轻的经营者们，NHK 电视台等日本传媒称其为"不屈之人"。和田一夫说："火凤凰必将重生，在燃烧自己后，会再创新天地，大不了从零开始。只要有梦想，就有可能。"

成功的道路是由目标铺成的

有人问罗斯福总统夫人："尊敬的夫人，你能给那些渴求成功的人，特别是那些年轻的、刚刚走出校门的人一些建议吗？"

总统夫人谦虚地摇摇头，但她又接着说：

"不过，先生，你的提问倒令我想起我年轻时的一件事——

那时，我在本宁顿学院念书，想边学习边找一份工作做，最好能在电信业找份工作，这样我还可以修几个学分。我父亲便帮我联系，约好了去见他的一位朋友——当时任美国无线电公司董事长的萨尔洛夫将军。

等我单独见到了萨尔洛夫将军时，他便直截了当地问我想找什么样的工作、具体哪一个工种。我想：他手下的公司任何工种都让我喜欢，无所谓选不选了。便对他说：'随便哪份工作！'

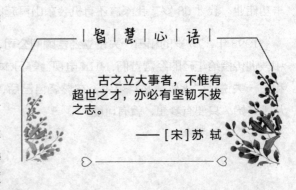

智 慧 心 语

古之立大事者，不惟有超世之才，亦必有坚韧不拔之志。

——[宋]苏 轼

只见将军停下手中忙碌的工作，注视着我，严肃地说：'年轻人，世上没有一类工作叫随便，成功的道路是目标铺成的！'

将军的话让我面红耳赤。这句发人深省的话，伴随我一生，让我以后非常努力地对待每一份新的工作。"

成功的道路是目标铺成的。随随便便地对待工作和时间，无异于随随便便地对待自己的人生，那必将一事无成。

别人行，我更行

田中太一郎是著名的互联网风险投资公司"软件银行"的创立者，日本传媒说他"带动日本走出网络的黑暗时代"，日本首富。《福布斯》杂志称他为"日本最热门企业家"。在美国《商业周刊》评选的 25 名"管理精英"中，田中太一郎名列榜首。

1957 年，田中太一郎出生在日本佐贺县马栖市。田中太一郎的祖父在第二次世界大战前从韩国渡海来日本，田中太一郎是第三代的韩裔日本人。1974 年，青年时期的田中太一郎进入美国霍利·耐姆兹大学，两年后又进入加利福尼亚大学的伯克利分校经济系，插班进了三年级。在美国留学的 6 年中，田中太一郎十分刻苦，经常是走路、吃饭、如厕甚至进澡盆都捧着书，每天的睡眠时间绝不超过 5 个小时。

当时大学里很多人都在勤工俭学，可是田中太一郎却不想去洗盘子，他认为那没有创造性。田中太一郎给自己下了一个规定，每天都必须有个发明，不管大小。一年后，在他的"发明研究笔记"中，洋洋洒洒一共记载了 200 多项发明，其中最重要的一项就是"多国语言翻译机"。它是从字典、声音合成器和计算机这 3 个单词组合而来的，类似于今天的"词霸"，只要你输入一个日文单词，就会有正确的英文发音来回应。为了推销自己的产品，田中太一郎在假期里回到日本，联系了 50 余家家电厂商的社长，可全都遭到了拒绝。不过田中太一郎并没有气馁，几经周折，田中太一郎见到了夏普的负责人、"日本电子产业之父"佐佐木正。佐佐木正用 4000 万日元，也就是当时的 100 万美元买下了这个发明，田中太一郎因此获得了自己的第一桶金。用这笔钱，田中太一郎在美国开设了自己的公司。可当公司业绩稳步上扬的时候，田中太一郎却选择了放弃，他将社长宝座让给友人，回到日本，决心在这里发展自己的事业。

田中太一郎花了两年的时间寻找合适的项目，对 40 多种项目做了 10 年的预想：损益计算表、预测平衡表、资金周转表及组织结构图。经过一段漫长的探索，田中太一郎确定了自己

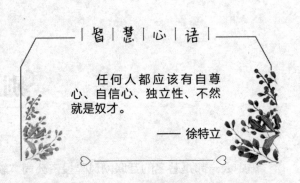

| 智 | 慧 | 心 | 语 |

任何人都应该有自尊心、自信心、独立性、不然就是奴才。

—— 徐特立

的事业——软件销售。20 世纪 80 年代，田中太一郎创立了日本软件银行。办公室位于一幢铁皮建筑物的二楼，公司成员算上田中太一郎，一共 3 个人。田中太一郎在公司开业那天兴奋地发表了自己的就职演讲，并且每天都对员工重复这个梦想："5 年内销售规模达到百亿日元，10 年内达到 500 亿日元，使公司发展成为几万亿日元、几万人规模的公司。"两个工人因此认为老板简直是神经病，没过多久就辞职了。

一个月后，在大阪举行的电子产品展销会上，刚刚成立的软件银行公司几乎拿出全部资本租下了会场最大、距入口最近的展厅。和田中太一郎

熟识的人都认为他疯了，但这个最大的场地吸引了十几家公司参展，产生了相当大的影响，让田中太一郎成功地和当时最大的软件公司哈德森签订了独家代理合同。接着，田中太一郎又涉足出版业。他花了半年时间，阅读数以万计的读者卡，提出 6 条改革方案，其中心就是："完全按读者的要求去做。"并设法让著名电器厂商 NEC 做电视宣传。因为 NEC 的个人电脑畅销，田中太一郎的电脑杂志也得到大卖，以前每月印 5 万册，会有八成被退回，后来印 10 万册，3 天就卖光了。凭着勇气和毅力，田中太一郎成就了自己的事业！

如果问谁是互联网时代最大的受益者，答案不是比尔·盖茨，而是田中太一郎。如果问谁是网络时代的无冕之王，答案不是杨致远，还是田中太一郎。田中太一郎是互联网时代的一个奇迹。虽然有人说他是赌徒，说他是投机者，但这些都不妨碍他建立起自己的网络帝国。

另辟蹊径

李维·施特劳斯是第一个发明牛仔裤的人。

1850 年，一则令人惊喜的消息为人们带来了无穷的希望和幻想：美国西部发现了大片金矿。于是，无数个怀着淘金美梦的人、无数个想一夜致富的人，开始如潮水般涌向美国西部——那片曾经的不毛之地。时年 21 岁的李维·施特劳斯也心动了。原本出生在德国一个小职员家庭，作为德籍犹太人，李维和他的父辈一样聪明、刻苦，在念完大学后也当上了一个文员，过着十分安稳和舒适的生活。但他不安于只做一个小职员，一辈子平平凡凡地生活。李维渴望冒险，希望通过自己的劳动、运气赌一把。于是，李维辞掉工作投入浩浩荡荡的淘金人流之中。

当经过漫长的路程来到美国后，李维惊呆了。他本以为自己将来到一个荒凉却盛满梦想的地方，可入眼所见，却是满山遍野的帐篷。李维有些后悔，怪自己的年轻、莽撞。这么多淘金者都待在一个地方，生活在帐篷里，买东西十分不方便。一次偶然的机会，李维看到淘金者为了买一点日用品，不得不跑很远的路，自己对此也是深有感触。于是他毅然决定，不再做那个遥不可及的金子梦，而是应该踏踏实实地定下心来，开一家日用品小店，从淘金人身上开始自己的梦想。不出李维所料，日用品小店的生意很不错，李维很快就收回了成本，开始赚钱了。一次，李维采购了许多日用百货和一大批搭帐篷、马车篷用的帆布，回到店中还没来得及喝口水，淘金者就把他刚运回的日用百货抢购一空了，只剩下帆布没人理会。

李维很奇怪，帐篷不是必需品吗，怎么会没人买呢？这时，一位淘金工人迎面走来，呆呆地注视着帆布。李维高兴地迎上前去，热情地问道："您想买些帆布搭帐篷？"工人摇摇头，说："一个帐篷够用了，我需要像帐篷一样坚硬耐磨的裤子，你有吗？""裤子？"李维一头雾水。工人告诉他，淘金的工作很艰苦，衣裤经常与石头、砂土摩擦，棉布的裤子不耐穿，没几天就破了。这番话让李维突发灵感，他马上动手，用带来的厚帆布制作成结实耐用的工作裤，向淘金者出售，结果大受欢迎，被工人们叫作"李维氏工装裤"。就这样，牛仔裤诞生了，以其坚固、耐久、穿着合适获得了当时西部牛仔和淘金者的喜爱。李维·施特劳斯关掉了日用品店，正式成立了自己的牛仔裤公司。

虽然这些"李维氏工装裤"非常畅销，但李维却很不满意，因为帆布虽然结实耐磨，却又厚又硬，穿在身上不舒服。李维开始寻找新

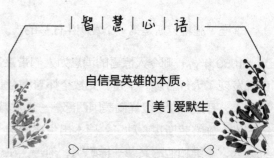

| 智 | 慧 | 心 | 语 |

自信是英雄的本质。

——[美]爱默生

的面料，终于有一天，他发现欧洲市场上畅销着一种布料：这种蓝白相间的斜纹粗棉布，兼有结实与柔软的优点。结果，用这种新式面料制作出来的裤子，既结实又柔软，样式美观，穿着舒适，再次受到淘金工人的欢迎。从此以后，这种靛蓝色斜纹棉布做成的工装裤在美国西部的淘金工、农机工和牛仔中间广为流传，靛蓝色也成为"李维氏工装裤"的标准颜色。

李维的探索再次获得了成功，但他并不就此满足，还在继续寻找新的机会。当时淘金工人在劳动时，常常要把沉甸甸的矿石样品放进裤袋，沉重的矿石经常会使裤袋线崩断开裂。当地一位名叫雅各布·戴维斯的裁缝，经常为淘金工人修补这种被撑破的裤袋。他总是用黄铜铆钉钉在裤袋上方的两只角上，固定住裤袋，有时还在裤袋周围镶上了皮革边，显得既美观又实用。有的工人即使裤子没有磨破，为了美观也都去镶边。雅各布就此向李维提出了建议，李维于是把尚未出厂的工装裤全部返工，都加上了黄铜铆钉，并申请了专利，牛仔裤就此定型。1872 年，李维·施特劳斯在基本定型的牛仔裤的基础上，申请了牛仔裤的生产专利。李维的公司越来越大，越办越好，这源于他不断追求，无时无刻不以追求事业的成功为最高目标。由此，牛仔裤耐穿、方便、样式美观、别致，渐渐风靡全球。

把大目标分解成小目标

1984 年，在东京国际马拉松邀请赛中，日本选手山田本一夺得了世界冠军。这非常出乎大家的意料，因为在这之前，很多人甚至没有听说过他的名字。

记者们蜂拥而上，争着去采访这匹黑马。有人问他为什么能取得这么好的成绩，山田本一的回答只有简短的一句话：凭的是智慧。

这句话同样让大家莫名其妙：马拉松赛是比赛体力和耐力的项目，要求运动员有良好的身体素质和耐力，在什么地方可以体现智慧呢？记者们欲再度追问，但山田本一已匆匆离去。所有见报的文章都没有在这个问题上多做文章。可能很多记者也确实不以为然，觉得山田本一的获胜仅仅是个偶然。

不料在两年后的意大利国际马拉松邀请赛上，山田本一又获得了世界冠军。又有记者提出了同样的问题，而山田本一给出的仍是同样的答案：我靠的是智慧。

这一次，记者们不再轻易放过山田本一，但无论他们怎么问，山田本一却不再多说什么。

10 年后，已经退役的山田本一出版了自己的自传，揭开了谜底。

原来，山田本一与其他的马拉松运动员毫无区别，从起跑线一开始，选手们的目标就是 40 多千米外终点线上的那面旗帜。遥远的距离渐渐地磨掉了选手的兴奋和紧张。往往和其他选手一样，在跑了十几千米后，山田本一就有些疲惫，脚步不自觉地就会慢下来，为此他很苦恼。

有一次，山田本一偶然在一本杂志上看到一篇文章，文章中的一段话给他留下了很深的印象：

"我们并不是没有目标，但由于路程遥远，我们总享受不到成功的喜悦，往往在中途就疲惫地放弃了。我们应该把一个大目标分解成一个个小目标，逐步实现。"

这篇文章是讲人生道理的，但山田本一觉得好像就是在给他讲马拉松的秘密。他反复琢磨，终于想到了一个办法。

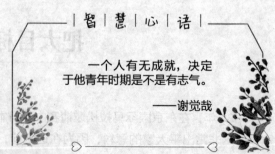

| 智 | 慧 | 心 | 语 |

一个人有无成就，决定于他青年时期是不是有志气。

——谢觉哉

　　此后，每次比赛之前，山田本一都要乘车把比赛的线路仔细地看一遍，并把沿途比较醒目的标志画下来，比如第一个标志是银行；第二个标志是一棵大树；第三个标志是一座红房子……这样一直画到赛程的终点。

　　比赛开始后，山田本一就奋力地向第一个目标冲去，等到达第一个目标后，接着又以同样的速度向第二个目标冲去。40多千米的赛程，就被他分解成这么几个小目标轻松地跑完了。

　　把大目标分解成小目标，每天有每天的成就，每年有每年的进步，奋斗着，成功着，喜悦着，我们已经接近了那面鲜艳的旗帜……

成功的蓝图

　　怎样才算是成功呢？恐怕没有一个人能一下子全面地回答这一问题。

　　有些人羡慕他人的成功，因为他们拥有自己的豪宅、汽车和金钱。这就是"利"上的"成功"，也是最为一般人所肯定的"成功"，而绝大部分人每天追求的也就是这种"成功"。

　　另外一种成功是"名"上的成功，像政府官员、著名演员、社团负责人等。这种"名"也是很多人追求的，因为一旦有了"名"，地位也会随之提升，哪怕他的"名"是不择手段得来的。

人一旦被物欲所牵，就等于被罗网所系，而执迷于名利和野心，就无异将自己困于牢笼。

欲望和野心，会催促着人们想要占有更多名利。而人一旦陷入野心的沟壑，就爬不出来，成为物欲的囚徒，失去开放自由的心情，即使你拥有许多名利，也一样快乐不起来。但是人们只要想到拥有，无论是名是利，总是多多益善。事实上，野心越大，失去的自由也就越多。

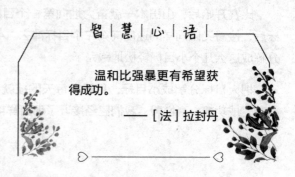

| 智 | 慧 | 心 | 语 |

温和比强暴更有希望获得成功。

——［法］拉封丹

有一位面包师傅，他手艺很好，每逢有朋友去看他，他总是很得意地介绍他做的面包。朋友问他为什么不自己开家面包店，或是到大饭店去，他说："这个地方可以让我自由发挥，而且听到客人称赞我做的面包好吃，我就感觉很爽！"

这位师傅的成功与足以令人"尊敬"的"名"和"利"的成功离得很远。在世俗的眼光里，他是个小人物，谈不上成功，但在他自己的世界里，他成功了，因为他得到了自我满足！

没错，人需要的正是这种"自我满足"，也就是做自己喜欢做的事，过自己喜欢过的生活，并从中获得满足。这就是成功！换句话说，在名利场中获得满足是成功，在平淡生活中获得满足也是成功；在服务他人的工作上获得满足是成功；在专业领域上获得满足也是成功！这种成功是由自己判定的，而不是由别人打分数！

"怎样才算是成功？"这个问题的答案就在每个人的心中。

一个人成功与否应由自己来判定，而不是由别人来衡量，否则，那就是别人的成功了。

你给自己的人生描绘的是一幅什么样的"成功蓝图"呢？

苦难成就奇迹

大咖故事会

1822年的冬天，庄严肃穆的音乐大厅里正在演出歌剧《费德里奥》，许多名门贵族观看了这场演出。但在歌剧进行到一半的时候，观众发现乐队、歌手无法协调，而指挥贝多芬却毫无察觉，仍在台上竭力指挥着。

观众终于忍无可忍了，他们在台下窃窃私语。贝多芬发现了，他让乐队、歌手重来，但情况更糟。

有人在喊："让指挥下台。"

指挥已听不到观众在说什么，但是从他们的神情中，他读懂了所有。

他从台上下来，流泪了。

在世界音乐史上，这是一个值得纪念的日子，伟大的音乐天才贝多芬在这一天完全失聪了。

所有人都预感到他不会再在音乐上有所发展了，但是两年后，也就是1824年，贝多芬的《第九交响曲》在维也纳上演。这首曲子是他在失聪的情况下写成的，在厄运的不断打击下，贝多芬完成了世界音乐史上辉煌的篇章。

贝多芬的苦难与成就是成正比的，苦难给予他几分，他的音乐才华就增长几分；苦难逼近他的灵魂几分，他灵魂的光彩就会绽放几分。著名指挥家卡拉扬说："是苦难成就了他，没有苦难，谁知道会发生什么？"

在维也纳演奏《第九交响曲》时，他听不到乐队的任何声响；演奏结束，观众爆发出了热烈的掌声，他仍然听不到。当主持人把他引向舞台中间时，他还没弄明白这是为什么。那是多么令人心酸，但又是任何音乐人修炼一辈子都无法达到的境界。

挫折是人生的必要内容，一旦遭遇，就会同时给人们提供一种机会。人性的某些特质，往往由挫折和苦难得到更大的考验和提高。苦难对于弱者是一个万丈深渊，对于天才是一块垫脚石，对于能干的人是一笔财富。没有人会热爱苦难，谁不想在优越的环境里生活？但在苦难面前，一个有潜力的人会做出正确的判断，会思考出解决问题的途径，会承担起他该承担的责任，会和命运抗争，使他成为不平凡的人，最终做出不平凡的事。从这个意义上说，苦难成就了天才。

PART 06

学会长大

心灵被污染了，它的思想里就会充满困难、恐惧、怀疑、绝望、忧虑的东西，他的整个生活就难以走出悲愁、痛苦的境地，心中的快乐与幸福也会被盗走。由此可见，心灵受到了污染是多么痛苦与不幸的一件事。而相反地，如果保持心灵的洁净，时刻去擦拭心灵上的灰尘，内心就会充满良好积极的思想、乐观愉悦的精神，可以使蒙蔽心灵的种种阴霾烟消云散。洁净的心灵好似一股欢乐的电流流遍我们的全身，能给我们的生活带来无限快乐！

好事尽从难中得，少年勿向易中求。

——[唐] 李成用

为什么不竭尽全力呢

一位风度翩翩的青年海军军官大步走进宽敞的办公室，他是应召来见海曼·里科弗将军的。

将军同他的谈话很特别，坐定之后，将军就让这位青年挑选任何他所希望讨论的题目。接着，他们讨论了时事、音乐、文学、海军战术、航海技术、电子学和射击学。谈话过程中，将军总是注视着对方的眼睛，不断问这问那，常常问得这位青年军官张口结舌。他很快明白了将军找他谈话的真正用意，他挑选的这些自以为懂得多的话题，其实自己知道得很少，身上不由得冒出了冷汗。

结束谈话时，将军问他在海军学院学习成绩怎样？

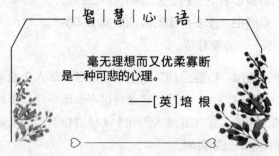

|智|慧|心|语|

毫无理想而又优柔寡断是一种可悲的心理。

——[英]培根

"先生，在820人的年级中，我名列第59名。"年轻人不无自豪地说。

"你竭尽全力了吗？"

"没有。"年轻人坦率地答道："我并不总是竭尽全力。"

"为什么不竭尽全力呢？"将军瞪大眼睛，看了青年很久⋯⋯

这位 24 岁的海军军官，就是后来成为美国总统的卡特。

卡特终生难忘这次会见。"为什么不竭尽全力呢？"里科弗将军提出的这个问题强烈地震撼了他。此后他一直将"竭尽全力"作为自己的座右铭，鞭策自己顽强地学习和工作。

做能挑重担的人

1979 年，一份《亚洲人周刊》在旧金山诞生了，除华人之外，也把韩国、越南、日本等所有在美国的亚裔都包括进去，并且很快成为所有想了解主流亚裔声音的政要们希望参考的资料。刚开始创办企业时，一位柔弱女子什么活都得干，有时需要把一千多斤重的滚筒纸推上印刷机。这个人就是后来《独立报》的老板——方李邦琴。

方李邦琴，传媒大亨，美国"泛亚公司"董事长，著名的华人企业家和社会活动家，方氏报业帝国掌门人。她除了经营房地产、印刷业、贸易公司外，还主办了多个英文媒体，如《亚洲人周刊》《独立报》等。能取得今天的成就还要从方李邦琴的过去说起。

60 年代初，方李邦琴结婚了，丈夫是留美的新闻学硕士方大川，夫妻二人移民美国。

但刚到美国，丈夫就病倒了，生活一下子变得非常艰难。那段日子，为了抚养 3 个儿子，照顾卧病在床 3 年的丈夫，方李邦琴最多时一天打几份工，忙得连哭泣的时间都没有。一家人所有的生活重担，都压在她一个人身上。生活虽然困难，但方李邦琴和丈夫一直没有放弃自己的理想，他们希望有一份自己的报纸。

在事业还没发展起来时，方李邦琴遭遇了人生最大的打击。1992 年丈夫去世了。就在丈夫去世后的第 4 天，方李邦琴出现在了丈夫生前的办公室里，面对等着发工资的工人和报社的同事，她挑起重担。方李邦琴曾经说："能挑重担的人就是成功的人！"而她的成功和成就，就是对这句话的印证。

1993 年，方李邦琴一举收购了原在芝加哥报业集团名下的、覆盖 19 个城市的一种英文报纸。前后不过十几年，方氏家族报业集团就发展为一个在旧金山湾区主流社会有相当政治影

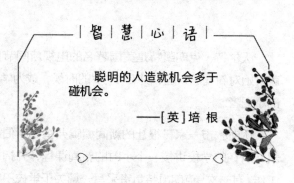

智 | 慧 | 心 | 语

聪明的人造就机会多于碰机会。

——[英]培根

响的庞大报系。后来他们买下社区报纸《独立报》。一年后，旧金山一份英文报纸《进步报》因营运不济倒闭，他们适时地合并两份报纸，将原为 4 开的《独立报》改为对开大报出版，向全市发行，基本上涵盖了原《进步报》的读者。整合后的《独立报》，每期总发行量为 50 余万份，已发展成涵盖旧金山湾区 19 个城市，也是全美国最大的非日报的英文报业集团。2000 年，方李邦琴成功收购了美国的主流英文报《观察家》，成为这家英文报纸的第一位女性华人董事长。此事成为震动美国新闻界的特大新闻，主流社会和华裔社区对此反响强烈，让美国主流社会也刮目相看。

成就还不止这些。美国旧金山市市长威利·布朗在千年之交时向方李

邦琴颁发了"杰出华人奖"，并宣布这一天为"方李邦琴日"；美国前总统乔治·布什亲自为《方李邦琴传记》作序。

值得去做就把它做好

沃尔特·克朗凯特是美国著名的电视新闻节目主持人，他从孩提时代就开始对新闻感兴趣，并在 14 岁的时候，成为学校自办报纸《校园新闻》的小记者。

休斯敦市一家日报社的新闻编辑弗雷德·伯尼先生，每周都会到克朗凯特所在的学校讲授一个小时的新闻课程，并指导《校园新闻》报的编辑工作。有一次，克朗凯特负责采写一篇关于学校田径教练卡普·哈丁的文章。由于当天有一个同学聚会，于是克朗凯特敷衍了事地写了篇稿子交上去。

第二天，弗雷德把克朗凯特单独叫到办公室，指着那篇文章说："克朗凯特，这篇文章很糟糕，你没有向卡普·哈丁问该问的问题，也没有对他做全面的报道，你甚至没有搞清楚他是干什么的。"

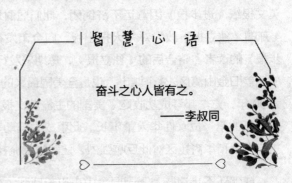

智 | 慧 | 心 | 语

奋斗之心人皆有之。

——李叔同

接着，他又说了一句令克朗凯特终生难忘的话："克朗凯特，你要记住一点，如果有什么事情值得去做，就得把它做好。"

在此后70多年的新闻职业生涯中，克朗凯特始终牢记着弗雷德先生的训导，对新闻事业忠贞不渝。

下一个轮到你讲了

法兰克·贝格是美国保险推销大王，可他起初投身此业时却一败涂地。他回忆说：

在我最初失败的时候，一位朋友推荐我参加一个最适合我的课程。我们坐在教室后面，这位朋友低声告诉我："现在上的是大众演说课程。"就在这时，轮到一位学员演讲，他非常害怕，他的这种害怕反倒启示了我。我告诉自己："他就像我一样，紧张、害怕又胆小，我可能比他还糟糕！"

后来，一位给学员做点评的人向我走来，我那位朋友介绍我与他相识，他就是戴尔·卡耐基。

"我很想加入。"我说。

卡耐基回答："我们的课程已上了一半，你最好等一段时间，新课程将在一月后开始。"

"不！我希望现在就加入。"

"好！"卡耐基先生微笑着回答，他握着我的手说，"下一个轮到你讲了！"

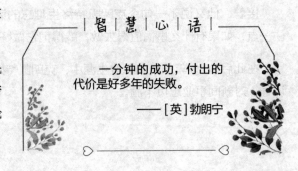

智｜慧｜心｜语

一分钟的成功，付出的代价是好多年的失败。

——[英]勃朗宁

我当时紧张极了，不停地颤抖，事实上，我简直要被吓倒。然而，我毕竟说了出来，对我而言，这是一项空前的成就。在这之前，我甚至不敢在一群人面前开口说"大家好"。

这已是30年前的事了，那次演说的情景永远留在我的脑海中，它是我生命的转折点。卡耐基说"下一个轮到你讲了"的声音常在我耳边徘徊，我的成功归功于我的恩师——卡耐基。

就这样，卡耐基的大众演说课程给法兰克·贝格建立了自信心，提高了勇气，扩大了视野，激发了热情，帮助他表达自己的意见并说服别人，使他的推销事业得到了迅速的发展，并最终成为著名的推销大王。

"下一个轮到你讲了"。只要你张开口，大声地讲出来，就是一次成功，自信就是这么一点点建立起来的。这第一步迈不出去，就不会有后边的路。

只要你用心，任何事都能做到

玛莎·斯图尔特是生活多媒体公司总裁。在纽约伯纳德大学学习期间，她成为模特并在商业电视上亮相。1973 年前，玛莎的职业为股票经纪人，1976 年她涉足商界，成为美国最有名的妇女之一。她的公司涉及生活的方方面面，从鲜花礼品到食品用品、杂志书籍，还进军互联网，被评选为 2002 年美国最有影响力的 50 位女性之一。她曾为《纽约时报》撰稿，并出版了自己撰写的《娱乐》一书。

玛莎的家在新泽西州的纳特利，她有 6 个兄弟姐妹，排行第二。玛莎的父母都是老师，家里从来没为钱担心过，可是玛莎和她的兄弟姐妹，却从来没有零花钱。

父母除了生活必需品外，不给玛莎兄弟姐妹任何钱，如果他们额外需要新衣服，那就找份工作挣钱去买；要上大学，那就要靠工作挣出来。因此，他们从小就树立了工作的意识，家里的每个人都忙碌、充实、积极地工作。

玛莎经常替人看孩子，帮助家长为孩子们筹办生日聚会，利用手工艺品和其他新颖的点子让聚会变得不同寻常，这些就是她零用钱的来源。如果玛莎的家务已经做完，而且没有工作要做，她就可以去图书馆，随便去多少次都可以。如果她想在入睡前躺在床上看会儿书，没有人会过来让她睡觉。读书人的灯永远不会被人关掉，玛莎的父母在这一点上是绝对支持的。

玛莎 15 岁的时候，老师布置了一份作业——写一篇书评。玛莎决定评论霍桑的《红字》，但很快她就后悔了——这本书对她来说实在是太难了。

玛莎忧心忡忡，感觉糟透了，她对父亲说选择写这本书的书评真是个弥天大错。她抱怨说："它太难了！我写不出一点能讲得通的东西！"玛莎一一列举了她和霍桑根本合不来的所有理由。

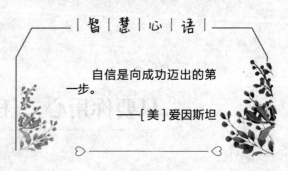

| 智 | 慧 | 心 | 语 |

自信是向成功迈出的第一步。

——[美]爱因斯坦

父亲仔细地倾听着，他说："玛莎，任何事你都能做到，只要你踏踏实实埋头去做。"玛莎是个绝对信任父母的孩子，更何况他们都是老师，所以她像接受真理那样接受了父亲的话，坐下来开始写书评。

一周后，玛莎从老师那里拿回书评，上面写了一个大大的"A"。从那天起，玛莎摆脱了所有曾经有过的不自信，在父亲的鼓励下无所畏惧。

不久，邻家一个跳芭蕾舞的女孩儿当上了模特，玛莎觉得这听起来很带劲。因此在父母的祝福下，她和这个女孩儿一起去了纽约，和女孩儿所在的公司签了约并参加试镜。

开始参加电视广告拍摄的时候，玛莎得知她要饰演的不是孩子，而是一个成熟女人——在香皂广告中扮演一个年轻的妻子。可她才 15 岁，还是个孩子！玛莎在认真思索了一番后，成功地饰演了这个角色。这让同来的女孩儿十分吃惊，问玛莎是怎样办到的，玛莎回答道："我整整观察了一天大街上的成熟女人，我爸爸说，任何事我都能做到，只要踏踏实实地去做。"

就这样，从上大学到养育孩子，再到开办自己的公司，玛莎的人生中得到过多少次父母的支持已经数不清了，而她也在以同样的方式，不断地鼓励别人，去做、去学习、去成就、去创造……任何事都能做到。

按集体标准要求自己

我父母经营了一家小餐馆，我的第一个工作就是在餐馆里给顾客擦皮鞋，那时我 6 岁。我父亲小的时候也干过这活儿，所以他教给我怎样才能做好，并告诉我，要询问顾客对我的服务是否满意，如果顾客表示不满，我就得重新擦。

随着年龄的增长，我的工作任务也增加了。10 岁时，我开始清理桌子，并做引座员的工作。当父亲告诉我，我是他见过的最好的"清理伙计"时，他的脸上洋溢着满意的微笑。

在小餐馆干活使我感到很骄傲，因为我在为全家的生计而努力工作。但我的父亲对我说得很清楚："你是这个集体的一员，你必须按照集体的标准来要求自己。"我必须遵守时间，努力工作，对顾客要有礼貌。

除了擦皮鞋，我在餐馆里干的其他工作一律没有报酬。一天，我犯了个错误，我告诉父

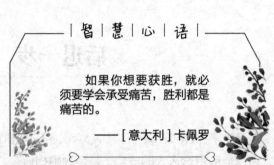

| 智 | 慧 | 心 | 语 |

如果你想要获胜，就必须要学会承受痛苦，胜利都是痛苦的。

——［意大利］卡佩罗

亲我认为他每星期应付我 10 美元工钱。他说："好吧。那么你付我每天在这儿吃的 3 顿饭的饭钱怎么样？还有你时常和你的伙伴们在这儿喝的汽水钱。"他给我计算出我每星期欠他 40 美元。这事教育了我，使我认识到当你要谈判的时候，你最好先了解对方所掌握的论据，就像你了解自己的一样。

我还记得我服兵役两年之后返家探亲时的情景。那时，我刚刚晋升了陆军上尉，走进父母的餐馆时，我满怀骄傲。而父亲对我说的第一件事情就是——"今天引座员请假，今晚你顶替他工作怎么样？"

我简直无法相信！我想，我可是合众国部队的一个堂堂的军官啊！但是这不起任何作用。就像父亲指出的，我只是群体中的另一个成员而已，我乖乖地去找抹布了。

给父亲干活教育了我，对群体的忠诚是第一位的。无论哪个群体，不论是家庭餐馆还是"沙漠风暴行动"，那都没有什么差别。

这个擦皮鞋的小男孩长大后荣获了三星上将的军衔，出任"沙漠风暴行动"的盟军总指挥，他所指挥的军队取得了令世界瞩目的成绩。这有赖于他自己的努力，更受益于其父母的教育。

后退一步，想一个新方法

马克辛·沃特斯，联合国代表，六次连任美国国会众议员，民主党领导人。之所以能取得这么大的成功，是因为她相信："成功往往就是后退一步，做个深呼吸，想一个更富有创意的新方法，继续前进。"

马克辛·沃特斯在上小学六年级的时候，老师换成了斯托克斯小姐。这是一位头发花白的中年女士，因为她把自己的一生都投入了教育和学习，把所有时间都倾注到了学生身上，所以从未结婚。背地里马克辛和同学们都称呼斯托克斯小姐为"老姑娘"。

一次，斯托克斯小姐布置了一份作业：写一篇关于健康与营养的报告。"虽然你们只是小学生，但我希望你们的报告见解透彻，包含丰富的资料，给圣路易斯市的任何人看都拿得出手。好好干吧，孩子们。"

班里的其他同学通常都是用活页夹写作业，有人还会从商店买来漂亮的笔记本。由于家里穷，马克辛买不起活页夹或是笔记本，她担心自己的报告看起来会很难看，于是决心自己做一个夹子，当然，要能体现出自己的优点和个性。马克辛找出了以前斯托克

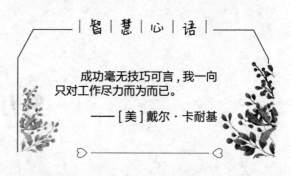

| 智 | 慧 | 心 | 语 |

成功毫无技巧可言，我一向只对工作尽力而为而已。
——［美］戴尔·卡耐基

斯小姐给她的两张彩色美术纸，把其中一张做成夹子的前盖，在上面贴上了从杂志上剪下的漂亮图案，然后将精心准备的报告夹在两张美术纸之间，在左侧打了眼儿，用同学送她的一条鲜艳的纱线串了起来。

当斯托克斯小姐接过这份自制的报告时她非常惊讶，因为马克辛来自一个有 12 个兄弟姐妹的大家庭，不可能有钱买这么漂亮的活页夹。仔细端详后斯托克斯小姐笑了，而且笑得是那样灿烂，她把马克辛的报告高高举起对大家说："同学们，看看这个！"不需要任何解释，同学们都明白这是怎么回事。看着同学脸上的表情，尤其是老师眼中那显露无遗的骄傲，马克辛感觉自己是那么与众不同，一时间自信充满了全身。其实这位老师虽然严厉，却非常慈爱，而且很会夸奖别人，尤其在洞察学生内心方面，马克辛觉得她简直有一种神奇的能力。

斯托克斯小姐并不知道，她那天的一句赞美的话给马克辛灌入了一种无畏精神，正是这种无畏精神，让她在以后的政治交锋中战无不胜。也正是这位老师的一次夸奖，让马克辛·沃特斯受用终生。每当遭遇挫折，马克辛都会对身边的人说："成功往往就是后退一步，做个深呼吸，想一个更富有创意的新方法，继续前进。"

努力尝试才能成功

戴维·托马斯是温迪国际公司创始人、商务经理。温迪国际公司在世界各地拥有 4300 家快餐店。他认为，对他一生影响最大的是这样一句话："只要你愿意努力尝试，你就能为我工作；如果你不努力尝试，你就不能为我工作。"

12 岁时，戴维一家迁到田纳西州的诺克斯维尔。戴维设法使一位餐馆老板相信他已 16 岁，雇他做便餐柜台的招待，工资是每小时 25 美分。

餐馆老板弗兰克和乔治·雷杰斯兄弟是希腊移民，刚来美国时他们曾干过洗盘子和卖热狗的工作。他们极为坚强，并为自己定下了非常高的标准，但从来不要求雇员做他们自己做不到的事。

弗兰克告诉戴维："孩子，只要你愿意努力尝试，你就能为我工作；如果你不努力尝试，你就不能为我工作。"

他所说的努力尝试包括从努力工作到礼貌待客等一切内容。当时通常的小费是一个 10 美分的硬币，但如果戴维能很快把饭菜送给顾客并服务周到，有时就能得到 25 美分小费。事隔多年，戴维仍然得意的事，是他曾尝试自己一个晚上能接待多少顾客，结果创下了 100 位的纪录。

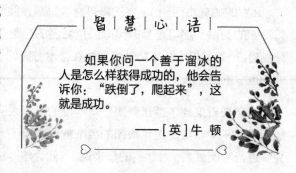

| 智 | 慧 | 心 | 语 |

如果你问一个善于溜冰的人是怎么样获得成功的，他会告诉你："跌倒了，爬起来"，这就是成功。

——[英]牛 顿

"那天晚上，我累坏了，可我也高兴极了！我努力了，结果我发现我能够做得更多更好。通过第一份工作，我认识到只要你努力工作并专心致志，你就会成功！"

坚持信念

帕克杰西，美国著名芭蕾舞演员，辛辛那提芭蕾舞团戴维·布莱克奖学金资金的提供者。

帕克杰西童年的时候，家境不是很富裕，有那么一段时间还要靠政府的救济。当然，这并不代表痛苦，母亲有时只是会说："今年咱们就不过圣诞节了。"帕克杰西虽然失望，但所受到的爱与庇护从未失去过。

8岁的帕克杰西与11岁的哥哥喜欢舞蹈，他们决定去参加辛辛那提芭蕾舞团的面试，那可是当时美国最负盛名的芭蕾舞团之一，学费当然也十分昂贵。虽然父母十分支持他们兄妹在艺术方面的兴趣，但就是再过100年，他们也拿不出那么多学费。

母亲亲自来到了芭蕾舞团，向学校的负责人戴维·布莱克先生申请，给两个孩子奖学金。芭蕾舞团的经济救助规模不大，当布莱克对帕克杰西兄妹进行了面试后，对他们的母亲说："我会想办法的，他们是可塑之材。"

帕克杰西在芭蕾舞团一练就是三年。这期间，布莱克先生从未提过奖学金的事，也从没对帕克杰西暗示说："你是免费在这里学习的，只有好好练习才不会辜负这笔钱。"对帕克杰

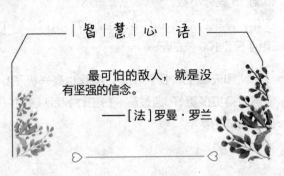

| 智 | 慧 | 心 | 语 |

最可怕的敌人，就是没有坚强的信念。

——[法]罗曼·罗兰

西兄妹和其他学生，布莱克先生一视同仁。三年后，帕克杰西全家搬到了纽约，但布莱克先生的关照却没有停止。他关照帕克杰西兄妹进入美国芭蕾剧院，还帮他们安排好了奖学金。这本不是一位芭蕾舞教师的工作，但布莱克先生却说："你们在芭蕾舞方面可能很有前途，当然，这还要取决于你们刻苦练功。我信任你们，不在于你们来自哪里，长得什么样子，能够回报给我什么。一个人真正的价值不在于他的经济状况如何，而在于他是什么样的人。"

在成为专职演员后，帕克杰西有了自己可以随意支配的资金，她以戴维·布莱克的名义在辛辛那提芭蕾舞团设立了一项奖学金，帮助那些想学习芭蕾舞但经济条件不好的孩子。

帕克杰西说："设立这个奖学金不是出于一种还债的目的，而是为了表达一种希望。我希望孩子们知道，机会的大门并不仅仅向有钱人敞开，生命的火花在于信心和坚持的信念。"

学会求助

2002 年 10 月 27 日，卢拉当选为巴西第四十任总统。卢拉出身贫寒，他 3 岁在街上擦皮鞋，12 岁到洗染店当学徒，14 岁进厂做工，只读过 5 年小学，在 55 岁时却通过选举成了国家元首。这如同一个现代神话。

有一次，卢拉总统去一个叫卡巴的小镇视察。该镇的小学校长请他带领学生上一节早读课，卢拉总统欣然同意。

卢拉总统领读的是一篇题为《我的第一任老师》的课文。读完后，学生们怯怯地问了他这么一个问题：总统先生，您的第一任老师是谁？

卢拉总统深思了片刻，在课堂上简短地讲了这么一个故事——

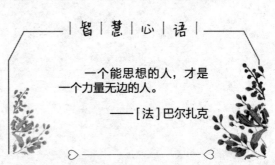

| 智 | 慧 | 心 | 语 |

一个能思想的人，才是一个力量无边的人。

——[法] 巴尔扎克

也是像你们这么大的时候，我放学回家，在准备开门的时候，发现钥匙找不到了。当时我的爸爸妈妈都在外工作，星期天才能回来。怎么办呢？于是我就用一张胸卡去捅那把锁，胸卡捅坏了，锁却动都没动；我又转到房子的后面，想从窗户爬进去，可是窗子是从里面关死的，不砸坏玻璃就无法进去。该怎么办呢？就在我爬上房顶准备从天窗跳进去的时候，邻居博尔巴先生看到了我。

"你想干什么，小伙子？"他问。

"我的钥匙丢了，我无法从门进去了。"我说。

"你就不能想点儿别的办法吗？"他说。

"我已经想尽了所有的办法。"我回答。

"不会吧？"他说，"你没有想尽所有的办法，至少你没有请求我的帮助。"说着，他从口袋里掏出钥匙，把门给打开了。当时，我一下愣住了。原来，我妈妈在他家留了一把我家的钥匙。

然后，他告诉我："小伙子，碰到难题时，请求别人的帮助也是解决之道。"

我想我的第一任老师应该是博尔巴先生。我记住了他的这句话，在我以后的工作和生活中，在我碰到困难时，我总是先自己尝试各种办法，如果还不能解决，我就会真诚地去求助能解决它的人。绝大多数人都是愿意帮助你的，那么，也就不会有什么困难能阻挡你前进的脚步了。

你到底是想做还是一定要做

美国潜能激励专家魏特利经常说这样一句话：没有人会带你去钓鱼。

这句话的背后是一个小故事。

魏特利在年少时，便学会了自立自强。他父亲在第二次世界大战时身在国外，那时他 9 岁。在圣地亚哥，他家附近有一个陆军炮兵团，驻扎的士兵和他成了好友。他们会送魏特利一些军中纪念品，像陆军伪装钢盔、枪带、军用水壶等，魏特利则以糖果、杂志，或邀请他们来家中吃便饭作为回赠。

魏特利永难忘怀那一天，他回忆道：

"那天，我的一位士兵朋友说：'星期天早晨五点，我带你到船上钓鱼。'我雀跃不已，高兴地回答：'哇哈！我好想去。我甚至从未靠近过一艘船，我总是在桥上、防波堤上或岩石上垂钓。眼看着一艘艘船开往海中，真令人羡慕！我总是梦想，有一天我能在船上钓鱼。噢，太感谢你了！我要告诉我妈妈，下星期六请你过来吃晚饭。'"

"周六晚上我兴奋地和衣上床，为了确保不会迟到，还穿着网球鞋。我在床上无法入眠，幻想着海中的石斑鱼和梭鱼，在天花板上游来游去。"

"清晨三点，我爬出卧房窗，备好渔具箱，另外还带了备用的鱼钩及鱼线，将钓竿的轴上好油，带了两份花生酱和果酱三明治。四点整，我就准备出发了。钓竿、渔具箱、午餐及满腔热情，一切就绪——我坐在家门外的路边，摸黑等待着我的士兵朋友出现。"

"但他失约了。"

"那可能就是我一生中，学会要自立自强的关键时刻。"

"我没有因此对人的真诚产生怀疑或自怜自艾，也没有爬回床上生闷气或懊恼不已，更没有向母亲、兄弟姊妹及朋友诉苦，说那家伙没来，失约了。"

"相反地，我心中始终有个声音在告诉我：'任何人都可能会对你失约，要想达到自己的愿望，那就自己开始行动。'这个声音如此清晰，就仿佛父亲在我耳边的

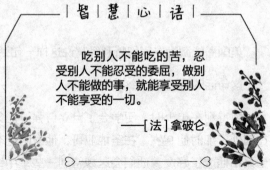

| 智 | 慧 | 心 | 语 |

吃别人不能吃的苦，忍受别人不能忍受的委屈，做别人不能做的事，就能享受别人不能享受的一切。

——[法]拿破仑

叮咛一样。父亲总是鼓励我自己去行动和尝试。我知道，他并不确切地知道谁在什么时候会对他的儿子失约，但他总是教育我面对这一时刻。"

"我跑到附近汽车戏院空地上的售货摊，花光我帮人除草所赚的钱，买了一艘上星期在那儿看过、补缀过的单人橡胶救生艇。近午时分，我才将橡皮艇吹满气，我把它顶在头上，里头放着钓鱼的用具，活像个原始狩猎队。我摇着桨，滑入水中，好似我将启动一艘豪华大油轮，驶向海洋。我钓到了一些鱼，享受了我的三明治，用军用水壶喝了些果汁，这是我一生中最美妙的日子。那真是生命中的一大高潮。"

魏特利经常回忆那天的光景，沉思所学到的经验，即使是在 9 岁那样

稚嫩的年纪，他也学到了宝贵的一课："首先学到的是，只要鱼儿上钩，世上便没有任何值得烦心的事了。而那天下午，鱼儿的确上钩了！其次，士兵朋友教给我，光有好的意图并不够。士兵朋友要带我去，也想着要带我去，但他并未赴约。"

然而对魏特利而言，那天去钓鱼，却是他最大的希望，他立即着手制订计划使愿望成真。魏特利极有可能被失望的情绪所击溃，也极有可能只是回家自我安慰："你想去钓鱼，但那士兵没来，这就算了吧！"父亲的教导在那一时刻发挥了作用，他开始行动，靠自己的力量去实现自己的愿望——而一切都有可能实现。

开发自己的潜能，靠自己的力量，实现自己大大小小的梦想，因为任何人都可能会对你失约。

坚持做最简单的事

开学第一天，古希腊大哲学家苏格拉底对学生们说："今天咱们只学一件最简单也是最难做的事儿。每人把胳膊尽量往前甩，然后再尽量往后甩。"说着，苏格拉底示范了一遍。"从今天开始，每天做 300 下。大家能做到吗？"学生们都笑了。这么简单的事，有什么难的？苏格拉底说："大家不要笑。世界上最难的事就是坚持做最简单的事，能把一件事坚持做到最好的人才可能有所成就。"

过了一个月，苏格拉底问学生们："每天甩手300下，哪些同学坚持了？"

有90％的同学骄傲地举起了手。又过了一个月，苏格拉底又问，这回坚持下来的学生只剩下八成。

一年过后，苏格拉底再一次问大家："请告诉我，最简单的甩手运动，还有哪几位同学坚持了？"

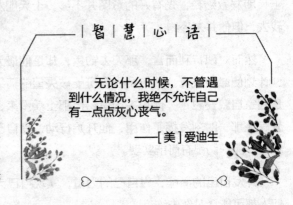

智|慧|心|语|

无论什么时候，不管遇到什么情况，我绝不允许自己有一点点灰心丧气。

——[美]爱迪生

这时，整个教室里只有一人举起了手。这个人就是后来成为古希腊大哲学家的柏拉图。

世间最容易的事是坚持，最难的事也是坚持。说它容易，是因为只要愿意做，人人都能做到；说它难，是因为真正能够做到的，终究只是少数人。成功在于坚持，这是一个并不神秘的秘诀。

任何工作都很重要

年轻的洛克菲勒初到石油公司工作时，既没有学历，又没有技术，因此被分配去负责检查石油罐盖有没有自动焊接好的工作，这是整个公司最简单、枯燥的工序，人们戏称连 3 岁的孩子都能做。每天，洛克菲勒看着焊接剂自动滴下，沿着罐盖转一圈再看着焊接好的罐盖被传送带移走。

半个月后，洛克菲勒忍无可忍，他找到主管申请更换其他工种，但被回绝了。

主管看着眼前这个烦躁不安的年轻人，说："小伙子，以你现在的经历和条件，我们只能给你安排这样的工作。但是，我要告诉你的是：没有任何工作是不重要的，一个有远大志向的人，即使干最简单的工作，也会做得比别人好很多。"

无计可施的洛克菲勒只好重新回到焊接机旁，他想，主管说得有道理，自己只有一步步地从最基本的工作干起，只有干好现在的工作，才可能让别人认识到自

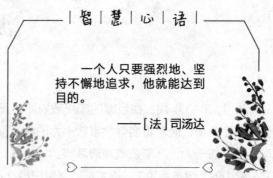

| 智 | 慧 | 心 | 语 |

一个人只要强烈地、坚持不懈地追求，他就能达到目的。

——[法]司汤达

己的价值和能力，获得更多的机会。既然换不了更好的工作，那就只有把这个简单的工作做好。说不定这个工作也很重要呢！

于是，洛克菲勒开始认真起来。他仔细观察罐盖的焊接剂滴量，并研究焊接剂的滴速与滴量，他发现当时每焊接好一个罐盖，焊接剂要滴落 39 滴，而经过周密计算，实际只要 38 滴焊接剂就可以将罐盖完全焊接好。

经过反复测试、实验，最后洛克菲勒终于研制出"38 滴型"焊接机，也就是说，用这种焊接机，每只罐盖比原先节约了一滴焊接剂。可是就这一滴焊接剂，一年下来却能为公司节约出 5 亿美元的开支。

年轻的洛克菲勒就此迈出走向成功的第一步，直到成为世界石油大王。

汲取书中的营养

20 世纪 40 年代，在当时的国民政府军队里，有一位很喜欢读书的少将——徐复观，他对著名哲学家熊十力的学问很佩服。经友人介绍，徐复观拜访了熊十力，恭恭敬敬地请教该读什么书。熊十力给他推荐了清代大儒王船山的《读通鉴论》。徐复观回答说已经读过了，熊十力有些不高兴，但没有表现出来，只是淡淡地说，应该再认真地读一遍。

过了一段时间，徐复观再去拜访熊十力，说仔细读完了《读通鉴论》。熊十力就问他有什么心得。徐复观自认为读得还可以，便洋洋洒洒地说了起来，他认为书里这儿不好，那儿他不同意……

听着听着，熊十力勃然大怒，厉声打断了徐复观的话："你这个东西，怎么会读得进去书！像你这样读书，就是读了百部千部，也不能从书中得到什么益处。读书是要先看出它的好处，再批评它的坏处，就像吃东西一样，经过消化而摄取营养。譬如《读通鉴论》，这一段该是多么有意义；又如那一段，理解得多么深刻。这些你记得吗？你懂得吗？你这样读书，真是太没有出息！"

这一顿斥责，使自以为是的陆军少将徐复观大汗淋漓。"这对于我来说是起死回生的一骂。"徐复观后来回忆说，"恐怕对于一切聪明自负，但并没有走进学问之门的青年人、中年人、老年人来说，都是起死回生的一骂。"

徐复观后来改变了自己的读书方法，终于成为一位有名的学者，为重新检讨和弘扬中国文化做出了不小的贡献。这一骂，让他受益终生。

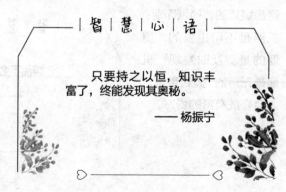

| 智 | 慧 | 心 | 语 |

只要持之以恒，知识丰富了，终能发现其奥秘。

——杨振宁

跌倒了也要抓一把沙

美国休斯敦大学华裔科学家朱经武是研究超导体的主要人物之一。他说："我能有今天，一大部分要归功于父母，他们教导我经常睁开眼睛，因为这个世界有许多机会和现象等着我们去发掘，即使有时会失败，也要做到每次试验都要有所得。"

"这一点，我母亲说得最透彻。她说：'要是你跌倒在地上，就想办法抓一把沙。'她认为连最小的机会也值得把握。"

机遇永远青睐于有准备的人，没有准备只能眼看着机遇擦肩而过。机遇是短暂的，稍纵即逝；机遇是不可重复的，重要的是要及时发现；机遇是无形的，握到手里，才会变成有形的资产。

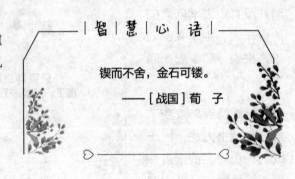

| 智 | 慧 | 心 | 语 |

锲而不舍，金石可镂。

——[战国] 荀 子

世界上跑得最快的女人

大咖故事会

奥林匹克小姐——威尔玛·鲁道夫小时候因患肺炎、猩红热和小儿麻痹症，险些夭折。因家庭贫穷无钱及时医治，她两腿的肌肉逐渐萎缩。4岁时左腿已变得完全不能动弹，一只脚只有靠铁架矫正鞋才能走路。因为自己不能像其他孩子那样欢快地跳跃奔跑，这给年幼的鲁道夫心理上造成了极大的创伤。

邻居家一位身患残疾的老人成为她唯一的好朋友，老人经常讲故事给鲁道夫听。一天，老人和鲁道夫结伴到附近的一所幼儿园散步，操场上孩子们动听的歌声吸引了他们。一曲完毕，老人欢快地说："歌声真是美妙！我们应该为他们鼓掌！"老人在战争中失去了一只胳膊，只有一只手的人如何鼓掌啊？老人随即解开衬衫的扣子，露出赤裸的胸膛，用手拍起了胸膛。初春的风还带着几分寒意，但鲁道夫身体里却仿佛注入了一股暖流。老人笑了笑，说："只要努力，只有一只手一样可以鼓掌。我坚信你也一定能够站起来！"

从那以后，鲁道夫开始积极配合医生治疗。无论多么艰难和痛苦，她都咬牙坚持着。她甚至在父母出门的时候，独自一个人练习，试着扔开支架走路。11岁那年，她第一次把矫正鞋脱掉，赤着脚跟着她的哥哥们打篮球。到了12岁，她已经完全摆脱了矫正鞋。脱掉矫正鞋之后，她的运动天分逐渐发展起来，开始锻炼打篮球和参加田径运动。

1960年，威尔玛·鲁道夫参加了罗马奥运会，并获得了三枚金牌，这使她成为罗马奥运会上最受欢迎的运动员之一。人们称她为"世界上跑得最快的女人"。

在生命的旅途中，我们所遭遇的诸多困难和挫折仿佛是附着在我们身上的泥沙。从另一个角度看，这些泥沙也恰恰是一块块的垫脚石，只要我们锲而不舍地将它们从身上抖落下来，那么即使掉到深邃的枯井里，我们也可以安然脱困。这一切都取决于我们自己！当我们以肯定、沉着、稳重的态度面对困境，转机往往就隐藏在困境之中。我们只要不轻言放弃，不断建立自信和希望，就能走出生命的枯井。

PART 07

我改变了世界

　　我——很渺小，因为我的力量非常有限；我——很伟大，因为我在改变世界。每人的力量虽然有限，但每个人却为改变世界而努力，这就是人的伟大之处。俗话说"人心齐，泰山移"，只要众人齐心协力，共同的力量能改变一切。我参与，我快乐。要相信自己的能力和力量，确信：我也能改变世界！

拼命去争取成功，但不要期望一定成功。

——[英] 法拉第

把每份工作当成自己的事业来做

从前在美国宾夕法尼亚的一个山村里，住着一位卑微的马夫，后来这位马夫竟然成了美国最著名的企业家之一、一个"美国梦"的完美体现者，他就是查尔斯·齐瓦勃先生。齐瓦勃先生最信奉的一句话是：如果你认为你是在为别人工作，那你就永远只能为别人工作。如果你认为你是在为自己工作，那你终将会有自己的一番事业。

齐瓦勃先生是如何获得成功的呢？他的成功秘诀是：对于每次谋得的新职位，薪水的多少不是最重要的因素，他最关心的是新的位置和过去相比是否更有前途，希望是否更远大。

齐瓦勃只受过很少的学校教育。15岁那年，家中一贫如洗的他就做了马夫。然而雄心勃勃的齐瓦勃无时无刻不在寻找着发展的机遇。三年后，齐瓦勃终于来到钢铁大王卡内基所属的

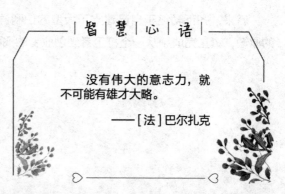

|智|慧|心|语|

没有伟大的意志力，就不可能有雄才大略。

——[法] 巴尔扎克

一个建筑工地打工。一踏进建筑工地，齐瓦勃就抱定了要做同事中最优秀

的人的决心。当其他人在抱怨工作辛苦、薪水低而怠工的时候，齐瓦勃却默默地积累着工作经验，并自学建筑知识。

一天晚上，同伴们在闲聊，齐瓦勃却躲在角落里看书。恰巧那天公司经理到工地检查工作，经理看了看齐瓦勃手中的书，又翻开他的笔记本，什么也没说就走了。第二天，公司经理把齐瓦勃叫到办公室，问："你学那些东西干什么？"齐瓦勃说："我想我们公司并不缺少打工者，缺少的是既有工作经验又有专业知识的技术人员或管理者，对吗？"经理点了点头。不久，齐瓦勃就被升任为技师。有些打工者讽刺挖苦齐瓦勃，他回答说："我不光是在为老板打工，更不单纯是为了赚钱，我是在为自己的梦想打工，为自己的远大前途打工。我们只能在业绩中提升自己，我要使自己工作所产生的价值，远远超过所得的薪水，只有这样我才能得到重用，才能获得机遇！"

齐瓦勃每获得一个岗位，都决心做所有同事中最优秀的人。当同事抱怨待遇低微时，齐瓦格把注意力集中在工作上。他明白，目前的待遇多或少，与他将来注定要获得的财富相比，都是微不足道的，计较几美元是很无聊的。他看清了周围人的卑微愿望和平庸命运，在自己的卓越之路上默默努力，做任何事情都保持乐观的心态、愉快的情绪。他在业务上尽可能做到尽善尽美、精益求精。抱着这样的信念，齐瓦勃一步步升到了总工程师的职位上。25 岁那年，齐瓦勃又做了这家建筑公司的总经理。凭借着超人的工作热情和管理才能，几年后，齐瓦勃被卡内基任命为钢铁公司的董事长。

后来，齐瓦勃终于自己建立了大型的伯利恒钢铁公司，并创下了非凡的业绩，真正完成了从一个打工者到创业者的飞跃。

看清楚周围的一切

"预备……瞄准……"毛皮商人听见拿破仑清了清喉咙，慢慢地喊着。在那一刻，他知道这一些无关痛痒的感伤都将永远离他而去，而眼泪流到脸颊时，一股难以形容的感觉自他身上奔泻而出。

然后，接下来则是一段长时间的安静，毛皮商人没听到"开火"，却听到有脚步声靠近他，随后眼罩被摘了下来。

因为突来的阳光，毛皮商人睁不开眼睛，等到他可以看清周围状况的时候，就发现拿破仑正深沉地望着自己，似乎已经将他灵魂里的每一个角落看穿。

拿破仑慢慢走到毛皮商人面前，轻柔地说："现在你知道了。我刚才就是告诉了你，你也无法体会，我想还是让你亲身经历一下比较好。记住：不要在愤怒中回顾，也不要在畏惧中前

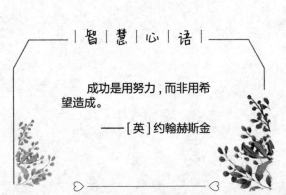

| 智 | 慧 | 心 | 语 |

成功是用努力，而非用希望造成。

——[英]约翰赫斯金

瞻，但是要看清楚周围的一切。"

这个故事发生在拿破仑入侵俄国期间，他的部队在一个无比荒凉的小镇中作战。不久，拿破仑意外地与军队脱离，一群俄国哥萨克人立刻盯上了他，开始在弯曲的街道上追逐拿破仑。拿破仑潜入僻巷中的小毛皮商人家，对毛皮商人大叫："救救我，救救我！我可以藏在哪里？"

毛皮商人说："快，藏在角落的那堆毛皮底下好了，他们不会找到的。"然后拿破仑马上爬了进去，毛皮商人又用很多张毛皮盖在了上面。刚刚藏好，哥萨克人就冲到了门口，大喊："他在哪里？我们看见他跑进来了。"不顾毛皮商人的抗议，哥萨克人在店里乱翻了一通，还用剑刺了那堆盖着拿破仑的毛皮，但是没有发现他。不久，哥萨克人便离开了。

过一会儿，拿破仑的贴身侍卫赶到，正碰上拿破仑从毛皮下往外爬。毛皮商人胆怯地对拿破仑说："原谅我对一个伟人问这个问题，躲在毛皮下，知道下一刻可能是最后一刻，那是一种什么样的感觉？"

拿破仑站直身子，愤怒地对毛皮商人说："你竟然对拿破仑皇帝问这样的问题！警卫，将这个不知轻重的人带出去，蒙住眼睛，处决他。我本人，将亲自发布枪决命令！"于是就出现了文章开始的那一幕。

拿破仑·波拿巴（1769—1821）：法兰西帝国缔造者，卓越的军事家、政治家，颁布的《拿破仑法典》，成为西欧资本主义国家法律的典范。

选择一把椅子

帕瓦罗蒂是世界歌坛的超级巨星，当有人向他讨教成功的秘诀时，他每次都提到他父亲说过的一段话。

在从师范学院毕业之际，帕瓦罗蒂问父亲："我是去当教师还是做个歌唱家？"

这确实是个难题。帕瓦罗蒂虽然学的专业是教育，但他觉得自己更加喜欢唱歌，到底该做什么呢？帕瓦罗蒂拿不定主意，要不然就像有些人说的那样，以教师为职业，以唱歌为业余爱好？可是，帕瓦罗蒂又有些不甘心。

父亲沉思了片刻说："如果你想坐在两把椅子上，你可能会从两把椅子中间掉下去。生活要求你必须有选择地坐到一把椅子上去。"

| 智 | 慧 | 心 | 语 |

事业最要紧，名誉是空言。

——[德]歌 德

经过反复考虑，帕瓦罗蒂最终选择了唱歌。经过七年的挫折与不懈努力，他首次登台演出。又过了七年，他终于登上了大都会歌剧院——这个人人羡慕的大雅之堂。

很多时候，我们都处于两难的选择之中，生活不可以假设，也不可以推倒重来。在遇到两难的选择时最怕的是犹豫不决和三心二意，那样的话，就会从两把椅子中间掉下去。

明天有很多个，但今天只有一个

爱德华·依文斯出生在一个贫苦的家庭，他起先靠卖报来赚钱，然后在一家杂货店当店员。后来，家里有 7 口人要靠他吃饭，他就谋到一个当助理图书管理员的职位，薪水虽很少，他却不敢辞职。8 年之后，他才鼓起勇气开始他自己的事业。然而，厄运降临了——很可怕的厄运：他替一个朋友担保一张面额很大的支票，而那个朋友破产了。很快，在这次灾祸之后又来了另外一次大灾祸，那家存着他全部财产的大银行垮了，他不但损失了所有的钱，还负债 16000 美元。

在一连串的打击面前，爱德华·依文斯彻底垮掉了。他得了一种很奇怪的病：医生检查不出任何问题，可他就是浑身无力，走路都很困难。一天，他走在路上的时候，昏倒在路边，以后就再也不能走路了。最后医生告诉他，他只有两个礼拜可活了。他大吃一惊，写好遗嘱，然后躺在床上等死。

这时候他完全放松下来，因为挣扎和担忧都没有了，他已经是要死的人了，还有什么好挣扎的？

奇怪的是，几个礼拜之后，他的身体反而好转起来，能撑着拐杖走路了。两个月以后，他又能回去工作了。

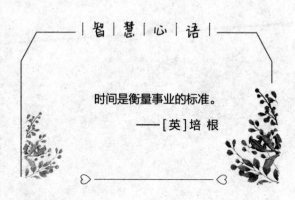

|智|慧|心|语|

时间是衡量事业的标准。

——[英]培 根

爱德华·依文斯明白了，真正把他送到死亡边缘的是对昨天的懊恼和对明天的恐惧，而让他重新站起来的是心态的放松：活在今天！

他为自己写了一个座右铭：

"过去的事情不要再去想，明天会发生什么也不重要，只要今天还活着，就努力地工作，高兴地生活！"

重新站起来的爱德华·依文斯像换了一个人似的，他认真地做好今天的事情，完全不再想昨天或明天。他的事业发展很快，不到几年，他已是依文斯工业公司的董事长。多年来，这个公司一直是纽约股票市场交易所的一家大公司。你如果乘飞机到格陵兰去，很可能降落在依文斯机场——这是为纪念他而命名的飞机场。

更可怕的梦想

　　美国汽车工业巨头福特曾经特别欣赏一位年轻人的才能，他想帮助这位年轻人实现自己的梦想。可这位年轻人的梦想却把福特吓下了一跳：他一生最大的愿望就是赚到 1000 亿美元，超过福特现有财产的 100 倍。福特问他："你要那么多钱做什么？"年轻人迟疑了一会儿，说："老实讲，我也不知道，但我觉着只有那样才算是成功。"福特说："一个人如果真拥有那么多钱，将会威胁整个世界，我看你还是先别考虑这件事吧。而且，你要记住，不切实际的梦想比没有梦想还可怕。"在此后长达 5 年的时间里，福特拒绝见这位年轻人，直到有一天年轻人告诉福特，他想创办一所大

智 慧 心 语

世界上最快乐的事，莫过于为理想而奋斗。

——[古希腊] 苏格拉底

学，他已经有了 10 万美元，还缺少 10 万美元。福特这时开始帮助他，他们再没有提过那 1000 亿美元的事。经过 8 年的努力，年轻人成功了，他就是著名的伊利诺斯大学的创始人本·伊利诺斯。后来，本·伊利诺斯在向别人提起这件事时说："如果没有福特先生的那句话，就不会有我的今天。"

完美的生活

　　1969 年，美国第三十六任总统林登·约翰逊的任期将要结束时，他问一年实习期到期的多丽丝是否能去得克萨斯的牧场帮他写回忆录，但这是份全职工作。约翰逊鼓吹自己的牧场棒极了，那里有一个电影院，会放映首轮故事片，盖在旧飞机棚中；有漂浮着桌子和记事本的游泳池，还有快艇、帆船和一队汽车，每辆车都配有酒吧，仆人和特工环侍左右，听凭差遣……有谁会愿意拒绝这种工作呢？

　　但当时还很年轻的多丽丝计划回到哈佛开始教学生涯，所以她回绝了。约翰逊接着提出各种额外好处以说服多丽丝接受："别担忧，我会给你成吨的钞票，如果你想要的是金钱；如果你想成为作家，我会在湖边提供一个小屋，让你能拥有蓝天白云和平静的工作环境。那可是总统的环境啊！如果你想要男朋友，我会每周引见一个百万富翁；你怎能拒绝这样的选择？"

　　但多丽丝期望回去与她在坎布里奇的朋友团聚，因此坚持原来的立场。"那么，能否只是在周末从事兼职工作？"她问。

　　"不行，要么不做，要么全职。"总统争辩道，"你怎么了？哪一个头脑正常的 20 岁女孩会拒绝为一个前总统工作？"多丽丝想了一会儿，但她还是说"不"。

就在约翰逊离任前一天，他把多丽丝叫到他的办公室。多丽丝走进门，约翰逊抬起头，"好吧，兼职就兼职。"他直截了当地说。

其后的几年中，每当周末和假日，多丽丝就去得克萨斯。

但离职后的约翰逊在农场里看上去却整天焦虑不安，他无法转变到不以工作为中心的生活方式中。他不喜欢运动，很少去看棒球或橄榄球比赛，他也从不为娱乐而阅读，他的床头柜上总是放着备忘录和法律法规，这个习惯贯穿了他的一生。

他每天早晨召集农场助手开会，决定使用哪辆拖拉机，还要求晚上向他汇报当天的成果——收集了多少鸡蛋，询问有多少人访问了他的图书馆等。

多丽丝在三年的兼职时间里完成了第一卷，以后她去得就没那么勤了，因为她看到一度那么活跃的总统如今竟然如此，就难免伤感。

|智|慧|心|语|

缄默和谦虚是社交的美德。

——[法]蒙田

就在那时，哈佛大学心理学家埃里克·埃里克松（专门研究历史、政治和文化如何影响社会心理，如何影响个人性格）的一个观点，深深地影响了多丽丝的生活。他说，最丰富的生活应在工作、玩耍和亲情三方面达到内在的平衡，追求某一方面而牺牲了其他方面只会导致晚年的哀忧。相反，同样热忱地追求这三个方面，将保证晚年的平静和成就感。

多丽丝觉得埃里克松的话很有趣，但不适用于她。当时她还年轻，充满精力和野心。对她来说，工作要比玩耍和亲情重要得多。对林登·约翰逊则比较适合。

1972年下半年，多丽丝和林登·约翰逊通了电话。他说，他近来阅读了卡尔·桑德伯格写的《林肯传》，试图想象生活中的林肯。他悲伤地说，他这些年也许本应花更多的时间与孩子、孙子在一起，而给世界留下一个不同的、也许有更多个人成就感的遗产。她对他说的这两句话记忆犹新。

几个月后，约翰逊在牧场午后打盹儿时因心脏病逝世。

约翰逊去世那年，多丽丝遇到了后来成为她丈夫的人，三年后他们结了婚，不久之后就有了两个孩子，年龄相差一岁多。那时多丽丝明白不可能同时教书、写作又做母亲，她做出了对她职业生涯影响最大的决定，放弃了教书，在家里弄了个办公室来写作。

失去教授身份让她不容易适应，更不容易的是适应新的工作环境的缓慢步伐，她的下一部著作写了近70年。然而，多丽丝知道她的决定是正确的。显然，她的下一部作品何时问世对于世界并不重要，但对于她的孩子来说，母亲是否在身边却非常重要。多丽丝说："一个人生活的目的不应当仅仅是完美的工作，而应当是完美的生活。"

工作也是为了生活，如果因工作而导致生活的不快，还不如放弃工作。

多丽丝·卡恩斯·古德温：美国历史学家、传记作家。在白宫工作时曾任林登·约翰逊总统的助手，致力于研究美国总统。她关于肯尼迪和罗斯福的书都影响巨大，其中关于罗斯福的书获得1995年的普利策奖。从1999年起，她还成为普利策奖的评委、哈佛大学的执行董事之一。

可以与众不同

"人们总喜欢评判一个人的外形，却不重视其内在。要想成为一个独立的个体，就要坚强到能承受这些批评。我的母亲告诉我，拒绝改变并没有错，但她也警告我，拒绝与大众一致是一条漫长的路。"

相信很多读者对胡皮·戈德堡主演的《修女也疯狂》都不陌生，这也注定了她成为载入经典影片史册的一位美国黑人女演员，其扮演的修女就是一个很另类的形象。

生活中的胡皮·戈德堡也是一位很有个性的人，她说这都得益于母亲的教诲：

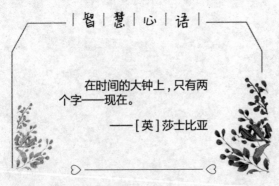

| 智 | 慧 | 心 | 语 |

在时间的大钟上，只有两个字——现在。

——[英] 莎士比亚

我成长于环境复杂的纽约市劳工区切尔西。时值嬉皮士时代，我身穿大喇叭裤，头顶阿福柔犬蓬蓬头，脸上涂满五颜六色的彩妆，为此，常遭到我家附近各类人士的批评。

有一天晚上，我跟朋友约好一起去看电影。时间到了，我身穿扯烂的吊带裤，一件绑染衬衫，以及一头阿福柔犬蓬蓬头。当我出现在朋友面前时，她看了我一眼，然后说："你应该换一套衣服。"

"为什么？"我很困惑。

"你打扮成这个样子，我才不要跟你出门。"

我怔住了："要换你换。"于是她走了。

当我跟朋友说话时，母亲正好站在一旁。这时，她走向我："你可以去换一套衣服，然后变得跟其他人一样。但你如果不想这么做，而且坚强到可以承受外界嘲笑，那就坚持你的想法。不过，你必须知道，你会因此引来批评，你的情况会很糟糕，因为与大众不同本来就不容易。"

我受到极大震撼。因为我明白，当我探索另类存在方式时，没有人会鼓励我，甚至支持我。当我的朋友说"你应该换一套衣服"时，我陷入两难抉择：倘若我今天为你换衣服，日后还得为多少人换多少次衣服？我想，母亲是看出了我的决心，她看出我在向这类同化压力说"不"，看出我不愿为别人改变自己。

我这一生始终摆脱不了与众一致的议题。当我成名后，我也总听到人们说："她在这些场合为什么不穿高跟鞋，反而要穿红黄相间的快跑运动鞋？她为什么不穿洋装？她为什么跟我们不一样？"可到头来，人们之所以被我吸引，学我的样子绑黑人细辫子头，又恰恰因为我与众不同。

学会克制

凡·高在成为画家之前，曾在一个矿区当牧师。

有一次他和工人一起下井，在升降机中，他陷入巨大的恐惧中。颤巍巍的铁索嘎嘎作响，箱板在左右摇晃，所有的人都默不作声，听凭这机器把他们运进一个深不见底的黑洞，这是一种进地狱的感觉。事后，凡·高问一个神态自若的老工人："你们是不是习惯了，不再感到恐惧？"这位坐了几十年升降机的老工人答道：

"不，我们永远不习惯，永远感到害怕，只不过我们学会了克制。"

智｜慧｜心｜语

每一次克制自己，就意味着你比以前更强大了。

——[苏联]高尔基

这句话对凡·高触动很大。很多时候，我们身处逆境，面对未知、面对恐惧，又暂时无法改变这一切，我们能说自己习惯了这些吗？能说自己不害怕吗？那都是自欺欺人！我们能做的就是学会克制、学会忍耐。

穿短裤比长裤更利于奔跑

　　夫杰伦·纳德，美国律师，社会活动家，消费者权益辩护人和保护消费者运动领导人，消费贸易保护主义领域的先锋，他是一位公认的对公众利益运动最有影响的人物。

　　1947 年，在康涅狄格州的温斯特德，9 岁的夫杰伦走在回家的路上他心情糟透了。这 10 分钟的路漫长极了，简直像是走了好几个小时。

　　当时，穿长裤就表明是大孩子了。一、二、三年级的男生很流行穿短裤，到了四年级，男生都开始穿长裤。如果上了四年级还穿短裤，大家会觉得你是个毛头小子，甚至有点女孩子气。夫杰伦就让大家有这种感觉，在那个年龄，孩子们什么都要整齐统一，任何差异都会遭到讥讽。

　　当夫杰伦回到家里的时候，他不愿意再多等一分钟，就坐在厨房的餐桌边，眼里噙着泪水告诉母亲下午发生的

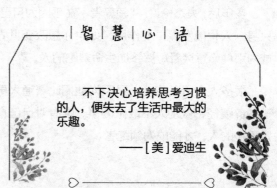

| 智 | 慧 | 心 | 语 |

不下决心培养思考习惯的人，便失去了生活中最大的乐趣。

——[美]爱迪生

事：那天下午，他们四年级的同学挖苦他了。那些男生在嘲笑他的着装，因为他是班里唯一还在穿短裤的男生。

"男生都笑话我！"夫杰伦说。

"你为什么想穿长裤？"母亲温和地问。

夫杰伦想了一会儿，然后回答说："因为其他男生都穿长裤。"

"夫杰伦，你长大想成为领导者还是追随者？"母亲从餐桌前站起身来问。

还没等夫杰伦说一个字，母亲就走出了厨房。

第二天早上，夫杰伦上学去了，依然穿着深蓝色的短裤。他竭力不为同学的取笑而烦恼，但这种感觉仍然很难受。

下午，男生在学校后面的操场上比赛，看谁跑得最快。夫杰伦当然也参加了。

夫杰伦全力跑着，他不停地跑啊跑啊。穿着短裤，显然比其他穿长裤的男生具有优势。那天，他听到了同学们的呐喊和喝彩声。

从那天起，夫杰伦感到很自信，他开始明白与众不同可能会是一种优势，与别人一致往往是软弱的表现。他在班里变得更加信心十足，提出了大多数学生不会提出的建议。

多年后，夫杰伦说："领导者不在乎因为自己独特的观点而受到的嘲笑，只身一人也能发挥重要作用。如果你想改变世界或者你的社区，你就必须成为那种愿意穿着短裤参加生命赛跑的人。"

很多人之所以成功，是因为他们比普通人更注意观察，勤于思考，敢于独辟蹊径，做别人不敢做的事。唯有对自己卓越的才能和独特的价值坚定不移的人，才能成为领跑者。

生活的强者

大咖故事会

海伦·凯勒刚出生的时候，是个正常的婴儿，能看、能听，也会咿呀学语。可是，一场疾病使刚刚一岁半的她变成了一个既盲又聋的人。这样的打击，对于小海伦来说无疑是巨大的。每当遇到稍不顺心的事，她便会乱敲乱打，野蛮地用双手抓食物塞入嘴里。父母在绝望之余，特别聘请沙莉文老师照顾她。

在老师的教导和关怀下，小海伦渐渐变得坚强起来。一次，老师对她说："希腊诗人荷马也是一个盲人，但他没有对自己丧失信心，而是以刻苦努力的精神战胜了厄运，成为世界上最伟大的诗人。如果你想实现自己的追求，就要牢牢地记住'努力'这个可以改变你一生的词，因为只要你选对了方向，而且努力地去拼搏，那么在这个世界上就没有比脚更高的山。"老师的这番话，犹如黑夜中的明灯，照亮了小海伦的心，她牢牢记住了老师的话。

从那以后，小海伦在所有的事情上都比别人多付出十倍的努力。在她刚刚十岁的时候，名字就已传遍全美国。

若说小海伦没有自卑感，那是不真实的。但幸运的是她自小就在心底树起了颠扑不灭的信心，完成了对自卑的超越。1900 年，这个年仅 20 岁的姑娘，通过学习盲文，获得了超常人的知识，顺利进入了哈佛大学拉德克利夫学院学习。她说出的第一句话是："我已经不是哑巴了！"

海伦虽然是个盲人，但读过的书却比视力正常的人还多。她的触觉极为敏锐，只需用手指头轻轻地放在对方的嘴唇上，就能知道对方在说什么；她只要

把手放在钢琴、小提琴的木质部分，就能"鉴赏"音乐。在第二次世界大战后，海伦·凯勒心怀爱心在欧洲、亚洲、非洲各地巡回演讲，唤起了社会大众对身体残疾者的注意，被《大英百科全书》称为有史以来残疾人士最有成就的由弱而强者。

真正的强者，善于从顺境中发现阴影，从逆境中找寻光亮，随着时间的变化时时校准自己前进的目标。阿基米德曾说："给我一个支点，我将撬起整个地球！"虽然阿基米德最终并没有撬起地球，但是他告诉了我们一个百年不变的真理——理想是指引我们人生之路的一颗明星！